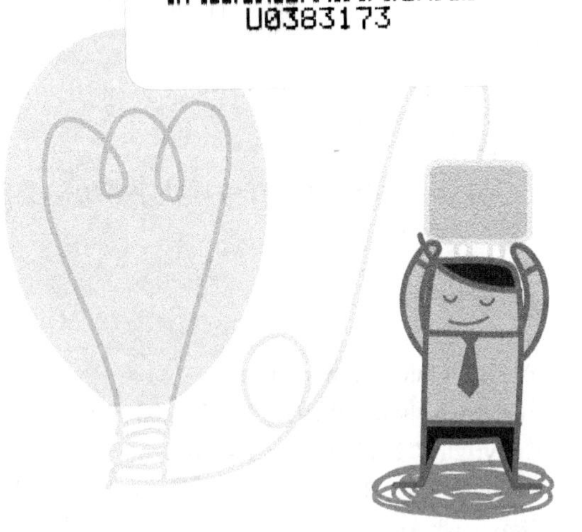

The Definitive Guide to
Programming Professionally

Python编程无师自通

专业程序员的养成

[美] 科里 · 奥尔索夫（Cory Althoff）/ 著

宋秉金 / 译

人 民 邮 电 出 版 社

北 京

图书在版编目（C I P）数据

Python编程无师自通 : 专业程序员的养成 / (美)
科里·奥尔索夫 (Cory Althoff) 著 ; 宋秉金译. -- 北
京 : 人民邮电出版社, 2019.1(2022.7重印)
ISBN 978-7-115-49710-9

Ⅰ. ①P… Ⅱ. ①科… ②宋… Ⅲ. ①软件工具－程序
设计 Ⅳ. ①TP311.561

中国版本图书馆CIP数据核字(2018)第283440号

版权声明

◆ 著 [美] 科里·奥尔索夫（Cory Althoff）
译 宋秉金
责任编辑 杨大可
责任印制 焦志炜
◆ 人民邮电出版社出版发行 北京市丰台区成寿寺路 11 号
邮编 100164 电子邮件 315@ptpress.com.cn
网址 http://www.ptpress.com.cn
固安县铭成印刷有限公司印刷
◆ 开本：800×1000 1/16
印张：16 2019 年 1 月第 1 版
字数：288 千字 2022 年 7 月河北第 13 次印刷
著作权合同登记号 图字：01-2017-8621 号

定价：59.00 元

读者服务热线：(010)81055410 印装质量热线：(010)81055316
反盗版热线：(010)81055315
广告经营许可证：京东市监广登字 20170147 号

内容提要

本书作者是一名自学成才的程序员，经过一年的自学，掌握了编程技能并在 eBay 找到了一份软件工程师的工作。本书是作者结合个人经验写作而成，旨在帮助读者从外行成长为一名专业的 Python 程序员。

本书包括 5 部分内容：第一部分（第 1～11 章）介绍了编程基础知识，以及函数、容器、字符串、循环和模型等概念；第二部分（第 12～15 章）介绍了编程范式和面向对象编程等知识；第三部分（第 16～20 章）介绍了 Bash、正则表达式、包管理器和版本控制等编程工具方面的知识；第四部分（第 21～22 章）主要涉及数据结构和算法方面的知识；第五部分（第 23～27 章）则是关于求职与团队协作的内容。

本书可以满足几乎所有想要学习编程的初学者。本书适合高中、大学阶段想要自学编程的学生，以及其他行业想入门编程的人，同时也适合作为编程入门的培训教材。

致　谢

我要感谢所有在本书撰写、出版过程中给予帮助的人。我的父母艾比·奥尔索夫和詹姆斯·奥尔索夫，在整个过程中给了我极大的支持。我父亲一页一页地读完了本书，并提出了非常宝贵的反馈建议。没有他的帮助，这本书就不会问世。我女朋友劳伦·沃德也没有抱怨我把大部分时间花在写书上。我要感谢本书的插画师布莱克·鲍尔斯，本书的编辑史蒂夫·布什、麦德林·鲁斯、潘·瓦拉塔和劳伦斯·圣菲利波，以及我的朋友安东尼·辛都，我在书中引用了我们之间多次讨论的内容。我还要感谢兰迪·芬勒支持我在 Kickstarter 上发起的写作项目，并介绍潘·瓦拉塔给我认识。特别感谢我以前的领导安札·阿法克，在我加入 eBay 时那么地支持我。还要感谢所有参与审阅本书的读者，感谢你们提供的反馈。最后，我想感谢 Kickstarter 网站上所有支持本书项目的朋友，尤其是吉姆·春、萨尼·李和雷·福瑞斯特。非常感谢大家的支持！

资源与支持

本书由异步社区出品，社区（https://www.epubit.com/）为您提供相关资源和后续服务。

配套资源

本书提供如下资源：

- 挑战练习源代码；
- 书中示例源代码。

要获得以上配套资源，请在异步社区本书页面中点击 配套资源 ，跳转到下载界面，按提示进行操作即可。注意：为保证购书读者的权益，该操作会给出相关提示，要求输入提取码进行验证。

如果您是教师，希望获得教学配套资源，请在社区本书页面中直接联系本书的责任编辑。

提交勘误

作者和编辑尽最大努力来确保书中内容的准确性，但难免会存在疏漏。欢迎您将发现的问题反馈给我们，帮助我们提升图书的质量。

当您发现错误时，请登录异步社区，按书名搜索，进入本书页面，点击“提交勘误”，输入勘误信息，点击“提交”按钮即可。本书的作者和编辑会对您提交的勘误进行审核，确认并接受后，您将获赠异步社区的 100 积分。积分可用于在异步社区兑换优惠券、样书或奖品。

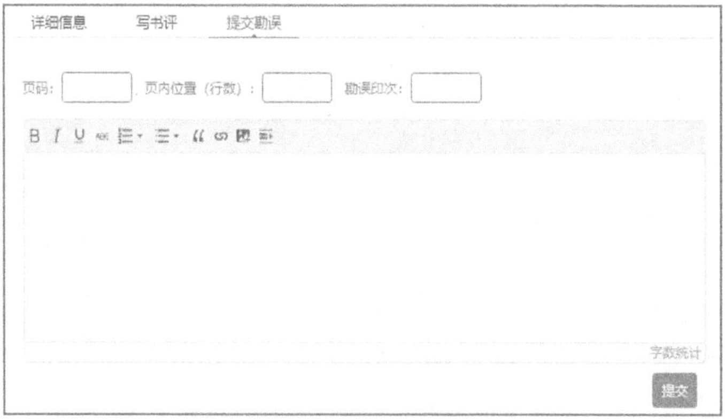

扫码关注本书

扫描下方二维码，您将会在异步社区微信服务号中看到本书信息及相关的服务提示。

与我们联系

我们的联系邮箱是 contact@epubit.com.cn。

如果您对本书有任何疑问或建议，请您发邮件给我们，并请在邮件标题中注明本书书名，以便我们更高效地做出反馈。

如果您有兴趣出版图书、录制教学视频，或者参与图书翻译、技术审校等工作，可以发邮件给我们；有意出版图书的作者也可以到异步社区在线提交投稿（直接访问 www.epubit.com/selfpublish/submission 即可）。

如果您是学校、培训机构或企业，想批量购买本书或异步社区出版的其他图书，也可以发邮件给我们。

如果您在网上发现有针对异步社区出品图书的各种形式的盗版行为，包括对图书全部或部分内容的非授权传播，请您将怀疑有侵权行为的链接发邮件给我们。您的这一举动是对作者权益的保护，也是我们持续为您提供有价值的内容的动力之源。

关于异步社区和异步图书

"异步社区" 是人民邮电出版社旗下 IT 专业图书社区，致力于出版精品 IT 技术图书和相关学习产品，为作译者提供优质出版服务。异步社区创办于 2015 年 8 月，提供大量精品 IT 技术图书和电子书，以及高品质技术文章和视频课程。更多详情请访问异步社区官网 https://www.epubit.com。

"异步图书" 是由异步社区编辑团队策划出版的精品 IT 专业图书的品牌，依托于人民邮电出版社近 30 年的计算机图书出版积累和专业编辑团队，相关图书在封面上印有异步图书的 LOGO。异步图书的出版领域包括软件开发、大数据、AI、测试、前端、网络技术等。

异步社区

微信服务号

目　录

第一部分　编程简介

第二部分　面对对象编程简介

第三部分　编程工具简介

第四部分 计算机科学简介

第五部分 找到工作

第一部分　编程简介

本部分内容

第1章

概述

“大多数优秀的程序员从事编程工作，不是因为期望获得报酬或得到公众的称赞，而是因为编程是件有趣的事儿。”

——林纳斯·托瓦兹（Linus Torvalds）

我毕业于克莱门森大学政治学专业。我曾考虑过是否选择学习计算机科学专业，还在大一那年报名参加了“编程概论”课程，不过很快就退出了。实在是太难了。毕业后我一直住在硅谷，我发现我需要学习编程。一年后，我成为了 eBay 公司的一名中级软件工程师（介于初级工程师与高级工程师之间的一个职位）。我不想让大家觉得这是很轻松就能做到的。实际上，这是极具挑战的一件事。在这一年的不断尝试努力过程中，我得到了很多乐趣。

刚开始，我学习的是如何用流行的编程语言 Python 来进行编程。但是本书不仅是教你如何使用某种特定的语言编程（确实会有这方面的内容），还会介绍标准教材中所不包括的其他所有知识点。本书分享的是我在成为软件工程师过程中不得不自学的内容。本书不适合那些想要随意了解下编程知识、将写代码作为爱好的人，而是专门写给那些希望以编程为职业的人。不管你的目标是成为一名软件工程师、企业家，还是在其他的岗位上使用编程技能，你都是本书的目标读者。

学会一门编程语言还不够，你还需要学会其他技能，才能像计算机科学家一样地工作。我会教授大家我从编程新手到专业软件工程师过程中学到的一切。我写作本书，是为了向有志于编程岗位的人分享他们需要掌握的知识框架。编程概论的书籍都大同小异——用 Python 或 Ruby 介绍编程的基础知识，然后就让你自己摸索。我经常从读完类似书籍的朋友那听到这样的反馈：我现在该做什么？我还不是一名程序员，也不知道下一步该学什么。本书，就是我给出的答案。

1.1　本书的结构

本书中一章所涵盖的许多主题可能都可以独立成书。我的目标不是包罗你需要了解的每个主题的所有细节，而是提供一份指引——一个编程职业发展所需要的所有技能的导览。

第一部分：编程简介。让你尽快写出自己的第一个程序，最好在今天。

第二部分：面向对象编程简介。这部分将介绍不同的编程范式，着重阐述面向对象编程。你会开发一个游戏，体会编程的强大能力。读完这部分后你会沉迷于编程。

第三部分：编程工具简介。将介绍提升编程生产力的不同工具。这时，你已经沉迷于编程，并希望变得更好。你将会学习相关的操作系统、使用正则表达式提升效率、安装并管理他人的程序，以及使用版本控制与其他工程师协作的知识。

第四部分：计算机科学简介。将简要介绍计算机科学知识，主要涵盖两个主题——算法和数据结构。

第五部分：找到工作。最后一部分是关于最佳编程实践，如何找到软件工程师的工作，团队协作以及程序员的自我提升。我会分享如何通过技术面试与团队协作的建议，以及如何进一步提升自己的技能。

1.2　从终点出发

我学会编程的方式，与计算机科学通常的教学方式正好相反。本书的结构是根据我自己的方式组织的。一般来说，你会先花很多时间学习理论，理论知识学的太多以至于许多计算机科学的毕业生甚至不知道如何动手编程。杰夫·阿特伍德（Jeff Atwood），在其博客“为什么程序员不会编程”中写道：“和我一样，许多人都碰到了这样的情况，编程岗位的 200 位申请者中，有 199 个根本不会写代码。重申一遍：他们一点代码都不会写。”这种现象直接促使 Atwood 发明了 FizzBuzz 代码挑战，一种用来在面试中筛选申请者的编程测试。大部分人都通不过测试，这也是为什么你要学习本书并掌握实践中要使用到技能。放心吧，在本书中你还会学到如何通过 FizzBuzz 测试的。

《王者之旅》电影中的主角乔什（Josh Waitzkin），在《学习的艺术》一书中回忆了他如何反向学习国际象棋。他没有和其他人一样研究开局，而是从学习象棋残局（棋盘上只剩下少数几个棋子）开始。这样做让他对国际象棋有了更深的理解，并赢得了多次大赛冠军。与此类似，我认为先学习如何编程再学习理论的方法更高效，因为你会拥有了解背后原理的强烈驱动。这就是为什么本书一直到第四部分才介绍计算机科学理论，而且内容也尽量精简。虽然理论很重要，但是在你拥有了编程经验之后，理论的价值才更大。

1.3　你不是一个人在战斗

毕业后再学习编程，已经越来越常见。Stack Overflow（一个程序员在线社区）在 2015 年的一份调查中显示，48%的受访者没有计算机科学学位。

1.4　自学的优势

在 eBay 工作期间，我的团队中有从斯坦福大学、加州大学和杜克大学计算机科学专业毕业的程序员，还有两名物理学博士。当时我 25 岁，而年仅 21 岁的同事对编程和计算机科学的知识比我强 10 倍这个事实，让我尤其惶恐。

虽然与拥有计算机科学学士、硕士甚至是博士学位的同事一起工作的压力很大，但别忘记了你还有“自学的优势”。你选择读这本书，不是出于老师布置的任务，而是因为你内心学习的渴望，这一点是你所拥有的最大优势。苹果公司的创始人斯蒂夫·沃兹尼亚克（Steve Wozniak）就是一位自学成才的程序员；还有因在美国宇航局的阿波罗登月计划中做出卓越贡献而获得总统自由勋章的玛格丽特·汉密尔顿（Margaret Hamilton）；还有 Tumblr 的创始人大卫·卡普（David Karp），Twitter 的创始人杰克·多西（Jack Dorsey），Instagram 的创始人凯文·斯特罗姆（Kevin Systrom），他们都是自学成才的程序员。

1.5　为什么应该编程

不管你从事什么工作，编程都有助于你的职业发展。学习编程将给你自己赋能。我喜欢尝试新想法，时刻都有希望启动的新项目。学会编程后，我就可以坐下来自己实现，而不需要依赖他人。

编程也会提升你在其他方面的技能。因为你熟练掌握了问题解决能力，鲜有其他工作不会因此而受益。我最近要在 Craiglist 上租房，搜索并筛选房子是个非常费力的活儿。但是我写了一个程序来代替我搜索，最后将结果以邮件形式发送给我。学会编程，将把你从重复性工作中解放出来。

如果你想成为软件工程师，市场上对这类岗位的需求也日益增长，但是符合要求的候选者却总是供不应求。到 2020 年，预计将有一百万个编程岗位空缺。即使你的目标不是成为软件工程师，科学和金融等领域的岗位也开始倾向那些拥有编程经验的申请者。

1.6　坚持不懈

如果你之前没有任何编程经验，担心自己无法胜任编程工作，本书想告诉你的是：你完全有能力做到。人们对程序员有一些常见的误解，比如程序员都得擅长数学。这是错误的印象，不过编程确实是一件困难的工作。幸运的是，本书涵盖的内容将让这一切变得比你想象得更加容易。

为了提高编程技巧，你应该每天练习编程。挡在你面前的唯一障碍就是无法坚持，所以我们要采取一些措施确保自己能够坚持不懈。准备一张检查清单，来确保每天都有做练习，而且也能够帮助你保持专注。

如果你还需要其他帮助，效率专家 Tim Ferris 建议采用如下技巧来保持驱动力。事先给家人或朋友一笔钱，如果你在规定的时间内完成了目标，就让他们把钱还给你，否则就将钱捐献给你讨厌的机构。

1.7　本书的格式

本书的各个章节紧密相关。如果你读到了某些看不懂的概念，可能在前一章已经做了介绍。书中尽量避免重复解释，所以牢记这个特点。在给重点词汇下定义时，会使用斜体。每个章节的末尾都有一个词汇表，对该章内出现的斜体名词进行解释。书中代码段前的注释为 GitHub 的网址，读者可于网站直接复制代码。

1.8　本书使用的技术

为了让读者尽可能的积累编程经验，本书会介绍多种技术。在某些情况下，必须在许多不同的技术中做出选择。在第 19 章“版本控制”中（对于不了解版本控制的读者，稍后会有解释），我们将会学习 Git 的基础知识。Git 是一个流行的版本控制系统，选择介绍 Git 是因为笔者认为它已经成为版本控制的业界标准。书中用 Python 来编写大部分的编程示例，因为它是一门很流行的初学者语言，而且即使从来没有使用过 Python 的人学习起来也比较简单。此外，目前几乎每个领域对 Python 开发者的需求都非常大。不过，书中会尽量做到内容与技术无关——注重概念，而非技术本身。

首先需要有一台计算机，以便跟着本书进行示例练习。计算机有一个操作系统

（operating system），即一个扮演人与计算机物理硬件之间的中间人的程序。可以在屏幕上看到的称为图形用户界面（Graphical User Interface，GUI），它是操作系统的一部分。

台式计算机和笔记本电脑目前有 3 种常用的操作系统：Windows、UNIX 和 Linux。Windows 是微软推出的操作系统。UNIX 操作系统发明于 20 世纪 70 年代，目前最流行的 UNIX 操作系统是苹果的 OS X。Linux 则是目前世界上大部分服务器（server）都在使用的一款开源操作系统。服务器指的是执行托管网站等任务的计算机或计算机程序。开源（open-source）意味着软件不归某个公司或个人所有，而是由一群志愿者维护。Linux 和 UNIX 都是类 UNIX 操作系统，意味着二者之间非常相似。本书假设读者已经有一台运行 Windows、OS X 或 Ubuntu（Linux 的一个流行版本）操作系统的计算机。

1.9　术语表

FizzBuzz：用来在编程面试中筛选候选者的一种编程测试。

操作系统：扮演计算机物理组件与人之间的中间人的一个程序。

图形用户界面（GUI）：操作系统的一部分，用户在屏幕上看到的内容。

开源：软件不归某个公司或个人所有，而是由一群志愿者维护。

Windows：微软推出的操作系统。

UNIX：发明于 20 世纪 70 年代的一种操作系统，苹果的 OS X 是 UNIX 的一个版本。

Linux：世界上大部分服务器（server）都在使用的一款开源操作系统。

服务器：执行特定任务（如托管网站）的计算机或计算机程序。

类 UNIX 操作系统：UNIX 和 Linux。

1.10　挑战练习

创建一个每日检查清单，在其中加入练习编程这个任务。

第 2 章

起步

“一名优秀的程序员，在穿越单行道时也会确认双向的来车情况。”

——道格拉斯·林德（Doug Linder）

2.1 什么是编程

编程（programming）指的是编写让计算机执行的指令。这些指令可能告诉计算机打印 `Hello, World!`，从因特网爬取数据，或者读取某个文件的内容并保存至数据库。这些指令被称为代码（code）。程序员用许多不同的编程语言来编写代码。在过去，编程的难度更大，因为程序员必须要使用晦涩难懂的底层编程语言（low-level programming language），如汇编语言（assembly language）。说一门编程语言是底层语言，指的是其与高级编程语言（读起来更像英语的编程语言）相比，更接近用二进制（0 和 1）编写指令，因此也更难理解。下面是一个用汇编语言编写的简单程序：

```
# http://tinyurl.com/z6facmk

global  _start
        section .text
_start:
        mov     rax , 1
        mov     rdi , 1
        mov     rsi , message
        mov     rdx , 13
        syscall
        ; exit(0)
        mov     eax , 60
        xor     rdi , rdi
        syscall
message:
```

```
        db      "Hello, World!", 10
```

下面则是用一门现代编程语言编写的同一个程序：

```
1 | # http://tinyurl.com/zhj8ap6
2 |
3 |
4 | print("Hello, World!")
```

显而易见，如今程序员的工作容易多了。不再需要花费大量时间学习晦涩的底层语言才能编程，相反只要学习一门非常易读的语言 Python 即可。

2.2　什么是 Python

Python 是一门开源编程语言，由荷兰程序员吉多・范・罗苏姆（Guido van Rossum）发明，并以英国喜剧团体“蒙提・派森（Monty Python）的飞行马戏团”命名。吉多发现程序员读代码的时间比写代码花的时间更长，因此他就发明了这门非常易读的语言。Python 目前已经是世界上最流行最易学的编程语言之一。所有的主流操作系统和计算机都可运行 Python，可将其用于从搭建网络服务器到创建桌面应用等所有领域。由于其如此流行，市场上对 Python 开发者的需求也很大。

2.3　安装 Python

需要先安装 Python 3 才能完成本书中的示例练习。可以从 http://python.org/downloads 下载针对 Windows 和 OS X 的 Python 版本。如果使用的是 Ubuntu，操作系统中默认安装了 Python 3。**请确保下载的是 Python 3，而不是 Python 2。本书中的部分示例不适用于 Python 2。**

32 位和 64 位操作系统的计算机均可使用 Python。如果计算机是 2007 年后购买的，它很有可能是一台 64 位操作系统的计算机。如果不确定操作系统是 32 位还是 64 位，只需在网络上搜索相关内容即可确定。

如果使用的是 Windows 或 Mac 计算机，下载 Python 的 32 位版或 64 位版安装包，打开文件并按提示操作。还可以浏览 http://theselftaughtprogrammer.io/ installpython 网页，观看介绍如何在每个操作系统下安装 Python 的视频。

2.4　问题解答

从上节开始，读者就需要安装好 Python 了。如果遇到了问题，可以直接跳到第 2 章的“获得帮助”一节。

2.5　交互式 shell

Python 自带了一个叫 IDLE 的程序，全称是交互式开发环境；它也是“蒙提 · 派森的飞行马戏团”的成员埃里克 • 艾多尔（Eric Idle）的姓氏。我们将在 IDLE 中输入 Python 代码。安装好 Python 之后，在 Explorer（PC）、Finder（Mac）或 Nautilus（Ubuntu）中搜索 IDLE。建议为其创建一个桌面快捷方式，以方便查找。

点击 IDLE 程序的图标，带有如下文字说明的程序就会启动（准确的文字可能会有所变化，但是即使没有说明或略有不同都不用担心）：

Python 3.5.1 (v3.5.1:37a07cee5969, Dec 5 2015, 21:12:44)[GCC 4.2.1 (Apple Inc. build 5666) (dot 3)] on darwin Type "copyright", "credits" or "license()" for more information.>>>

这个程序被称为交互式 shell。可以直接在其中键入 Python 代码，程序就会打印出结果。在提示符>>>后面键入：

```
1| print("Hello, World!")
```

然后按下回车。

IDLE 可能会拒绝执行从 Kindle、其他电子书或 Word 等文字处理程序中复制的代码。如果使用复制的代码，且遇到了一个无法解释的错误，尝试直接在窗口中输入代码。并且必须键入与示例中**一模一样**的代码，包括双引号、括号和其他标点符号。

交互式 shell 会打印出 `Hello, World!`，如图 2-1 所示。

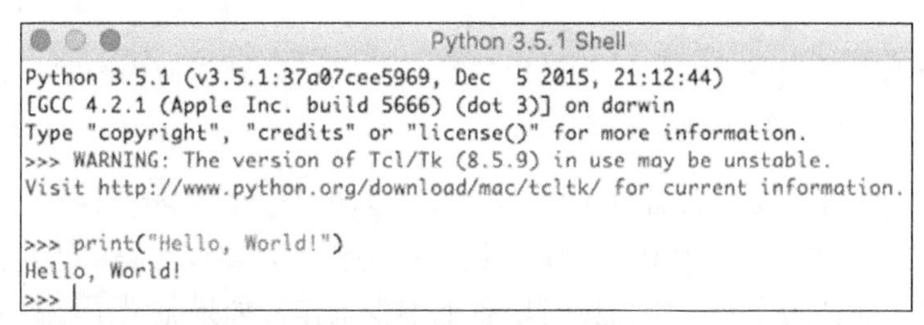

图 2-1　交互式 shell 打印示例

在编程界有一个传统，每当教别人一门新编程语言时，第一个程序就是如何打印 `Hello, World!`。所以，恭喜你刚刚写出了自己的第一个程序。

2.6　保存程序

交互式 shell 对于快速计算、测试小块代码和不会被重复利用的短程序来说很有用。还可以用 IDLE 保存一个程序以便重复使用。启动 IDLE 应用，点击“文件”按钮（IDLE 编辑器左上角的菜单栏），然后选择“创建新文件”。选择该选项后，会打开一个文本编辑器，它的背景通常是白色的。你可以在编辑器中写代码，再保存以便之后运行。运行代码时，程序输出会出现在交互式 shell 中。再次运行之前，需要保存在编辑代码时所做的修改。在文本编辑器中输入“Hello, World!”程序，如图 2-2 所示。

图 2-2　在文本编辑器的“Hello，World!”

再次回到“文件”菜单，然后选择“另存为”。将文件命名为 hello_world.py 并保存。Python 文件的名称必须以.py 结尾。保存好文件之后，点击“运行”菜单（也在 IDLE 编辑器左上角的菜单栏中），并选择“运行模块”。也可以直接按快捷键 F5 键，相当于从菜单栏中选择“运行模块”按钮。在交互式 shell 中将会打印出 `Hello, World!`，就好像你已经输入了这行代码。但现在，由于已经保存好了程序，之后你可以想运行多少次就运行多少次。

你创建的这个程序，实际只是一个以.py 扩展名结尾的文件。给文件起的名字 hello_world.py 完全是随意选择的，可以改成其他任何名称。正如本例所示，用 Python 编程只需要将文本键入文件中，然后使用交互式 shell 运行即可。很简单，对吧？

2.7　运行示例程序

本书将给出大量代码示例，以及最后的运行结果。碰到类似内容时，你应该试着输入相同的代码，自己运行一次。

短小的示例最好在交互式 shell 中运行，文本编辑器更适合希望保存并编辑的程序。如果在交互式 shell 中键入的代码有错误，比如拼写错误，导致代码出错，就必须得重新输入所有代码。而使用文本编辑器则可以省下不少工作，如果犯错了，只需要纠正并重新运行即可。

二者区别很大的另一个原因，是从文件运行程序与从交互式 shell 运行程序的输出会略有不同。如果直接在交互式 shell 中键入 `100` 并按下回车，交互式 shell 会输出 `100`。但如果在.py 文件中输入 `100` 并运行，则不会有任何输出。这个区别可能会让人困惑，因此在运行程序时，如果没有得到书中示例相同的输出，请注意是从哪里运行的程序。

2.8　术语表

编程：编写让计算机执行的指令。

代码：程序员编写的、让计算机执行的指令。

底层编程语言：与高级编程语言（读起来更像英语的编程语言）相比，更接近用二进制（0 和 1）编写指令的编程语言。

汇编语言：一种很难阅读的编程语言。

高级编程语言：一种读起来比底层编程语言更像英语的编程语言。

Python：本书介绍的一种易读、开源编程语言。由吉多·范·罗苏姆发明，并以英国喜剧团体“蒙提·派森的飞行马戏团”命名。

2.9　挑战练习

尝试打印出除 `Hello, World!`以外的文字。

挑战练习源代码可从异步社区（www.epubit.com）本书详情页的配套资源中下载。

第 3 章

编程概论

“这是我能想到的，唯一可以让我既当工程师又做艺术家的工作。它要求具备极其缜密的技术思维，因为你必须要完成精确的思考，这点我很喜欢。另一方面，它又鼓励你肆意挥洒自己的创意，只有你想不到没有你做不到的。”

——安迪·赫兹菲尔德（Andy Hertzfeld）

我们的第一个程序打印出了 Hello, World!。接下来打印 100 次。在交互式 shell 中输入如下代码（print 需要缩进 4 个空格符）：

```
1  # http://tinyurl.com/h79ob7s
2
3
4  for i in range(100):
5      print("Hello, World!")
```

交互式 shell 应该会打印 Hello, World! 100 次。即使通常没有这样做的需要，但可以从这个例子中看出编程的强大。你能想到任何其他可以如此简单地做 100 遍的事情吗？我想不到。这就是编程的厉害之处。

3.1 示例

从现在开始，代码示例会以如下形式出现：

```
1  # http://tinyurl.com/h4qntgk
2
3
4  for i in range(100):
5      print("Hello, World!")
```

```
>> Hello, World!
```

```
>> Hello, World!
>> Hello, World!
…
```

打开 http://tinyurl.com/h4qntqk 这个链接，就可以看到包含有示例代码的网页，这样如果无法让代码运行，你可以轻松地复制代码，并粘贴到 IDLE 的文本编辑器中。>>的后面则是交互式 shell 的输出。全书的每一个编程示例中都会看到>>，这代表了程序的输出结果（会在交互式 shell 中打印出来）。“...” 表示 “等等”。

如果示例后没有>>，就表示该程序没有输出，或者只是在解释概念，输出并不太重要。

字体为 Courier New 的部分，都是某种形式的代码、代码输出或编程术语。例如，上个例子中提到的词 `for`，它就会是 Courier New 字体。

Courier New 是一个固定宽度（不等比）的字体，常用来显示编程文本。每个字符的宽度都一致，因此代码对齐后可以很容易地发现缩进和其他特征。

可以用交互式 shell 或 `.py` 文件来运行示例代码。但是要注意的是，正如之前提到的，交互式 shell 中的输出与文件运行的输出可能略有不同，因此如果没得到完全一致的输出，原因就在于此。如果有示例要打印输出，但是却没有 `print` 字样，表示应该直接在交互式 shell 中输入代码。如果示例中有 `print` 字样，则说明应该从 `.py` 文件运行代码。

3.2　注释

注释（comment）是用英文或其他自然语言写的一行（或一部分）代码，行首均有一个特殊标志告知编程语言忽略这行代码。Python 用井号（#）来创建注释。

注释的目的是解释代码的功能。程序员通过注释，使得代码更易于阅读。在注释中，可以写下任何内容，只要保持为一行即可，示例如下：

```
1 # http://tinyurl.com/hut6nwu
2
3 # 这是一行注释
4 print("Hello, World!")
```

```
>> Hello, World!
```

只有在代码中执行特别操作，或者代码不清晰易懂的情况下，才需要写注释。尽量少写注释——不要每行代码都写注释，有特殊情况才需要。下面是一个注释多余的例子：

```
1 # http://tinyurl.com/jpzlwqq
2
```

```
3
4 # 打印 Hello, World!
5 print("Hello, World!")
```

注释之所以多余，是因为这行代码的功能已经非常明确。下面是一个注释合理的例子：

```
1  # http://tinyurl.com/z52c8z8
2
3
4  import math
5
6
7  # 对角线的长度
8  l = 4
9  w = 10
10 d = math.sqrt(l**2+ w**2)
```

即使你完全理解了这段代码，也可能并不知道如何计算长方形的对角线长度，因此这里的注释就是有用的。

3.3 打印

程序不仅可以打印 `Hello, World!`，它还可以打印任何内容，只要记得加上双引号。

```
1 # http://tinyurl.com/zh5g2a3
2
3
4 print("Python")
```

```
>> Python
```

```
1 # http://tinyurl.com/hhwqva2
2
3
4 print("Hola!")
```

```
>> Hola!
```

3.4 代码行

Python 程序是由一行一行的代码组成的。看下面这个程序：

```
1 # http://tinyurl.com/jq2w5ro
2
```

```
3
4 # 第一行
5 # 第二行
6 # 第三行
```

程序共有 3 行代码。我们通常用代码所在的行数区别代码。在 IDLE 中，可以打开“编辑”菜单，选择“前往行”按钮，即可跳转至程序的指定行。在交互式 shell 中，一次只能输入一行代码，无法复制粘贴多行代码。

有时一段代码比较长，超过了一行，可以用三引号、圆括号、方括号或者大括号扩展至新一行，示例如下：

```
1 # http://tinyurl.com/zcdx3yo
2
3
4 print("""This is a really
5 really really long line of
6 code.""")
```

另外，还可以使用反斜杠 \ 对代码进行换行：

```
1 # http://tinyurl.com/hjcf2sa
2
3
4 print\
5 ("""This is a really really
6 really long line of code.""")
```

反斜杠可以让我们将`("""This is a really really really long line of code.""")`和`print`放在不同的行，这种情况一般是不允许的。

3.5 关键字

Python 等编程语言中有一些具备特殊意义的字，即**关键字**（keyword）。前面见过的`for`就是一个关键字，用来多次执行代码。本章中还会学习更多的关键字。

3.6 间距

我们再来回顾一下那个打印`Hello, World!`100 次的程序：

```
1 # http://tinyurl.com/glp9xq6
```

```
2
3
4  for i in range(100):
5      print("Hello, World!")
```

前面已经提到，print 缩进了 4 个空格符。稍后会解释原因，缩进可以告诉 Python 解释器代码块的开始与结束。同时要注意，在本书示例中看到的缩进距离，都是 4 个空格符。如果代码间距不合理，程序将无法执行。

其他编程语言没有类似的缩进要求；它们使用关键字或花括号来表示代码开始和结束。以下是用 JavaScript 编程语言编写的同一个程序：

```
1  # http://tinyurl.com/hwa2zae
2
3
4  # 这是一个 JavaScript 程序
5  # 不过没法执行
6
7
8  for (i = 0; i < 100; i++) {
9      console.log("Hello, World!");
10 }
```

Python 的支持者坚信使用必要的缩进可以让 Python 比其他语言更易读易写。正如上例所示，即使编程语言不强制使用空格，程序员为了让代码更便于阅读，也会倾向于使用空格来分隔代码。

3.7　数据类型

Python 将数据划分成不同的类别，即**数据类型**（data type）。在 Python 中，每一个数据值，如 2 或"Hello, World!"，被称为**对象**（object）。本书第二部分会详细介绍数据类型，现在可以把对象看作拥有 3 个属性的数据值：唯一标识（identity）、数据类型和值。对象的唯一标识，指的是其在计算机内存中的地址，该地址不会变化。对象的数据类型是对象所属的数据类别，这决定了对象的属性，也不会变化。对象的值是其表示的数据，例如数字 2 的值即为 2。

"Hello, World!"这个对象的数据类型为**字符串**（str，string 的缩写），值为"Hello, World!"。如果提及数据类型为 str 的对象，可以称其为字符串。字符串是由引号包括的一个或多个字符组成的序列。**字符**（character）是类似 a 或 1 这样的单个符号。可以使用单引号或双引号来表示字符串，但是前后的引号必须保持一致，示例如下：

```
1 | # http://tinyurl.com/hh5kjwp
2 |
3 |
4 | "Hello, World!"
```

```
>> 'Hello, World!'
```

```
1 | # http://tinyurl.com/heaxhsh
2 |
3 |
4 | 'Hello, World!'
```

```
>> 'Hello, World!'
```

字符串可用来表示文本，且有自己独特的属性。

之前章节中用来计算的数字，也是对象，但不是字符串。整数（1，2，3，4 等）的数据类型为**整型数据**（int，全称为 integer）。与字符串一样，整型数据也有着独特的属性。例如，可以将两个整数相乘，但是不能相乘两个字符串。

小数（带小数点的数字）的数据类型为 float。2.1、8.2 和 9.9999 都是数据类型为 float 的对象，我们称之为**浮点数**（floating-point number）。与其他所有数据类型一样，浮点数也有自己独有的属性，且一定程度上与整型数据类似。

```
1 | # http://tinyurl.com/guoc4gy
2 |
3 |
4 | 2.2 + 2.2
```

```
>> 4.4
```

数据类型为 bool 的对象被称为**布尔值**（boolean），仅有 True 和 False 两个值。

```
1 | # http://tinyurl.com/jyllj2k
2 |
3 |
4 | True
```

```
>> True
```

```
1 | # http://tinyurl.com/jzgsxz4
2 |
3 |
4 | False
```

```
>> False
```

数据类型为 NoneType 的对象，其值永远为 None，用来表示数据缺失。

```
1 # http://tinyurl.com/h8oqo5v
2
3
4 None
```

本章后续会介绍如何使用不同的数据类型。

3.8　常量和变量

你可以把 Python 当成计算器来算术，做加、减、乘、除、幂等运算。在交互式 shell 中输入以下所有示例：

```
1 # http://tinyurl.com/zs65dp8
2
3
4 2 + 2
```

```
>> 4
```

```
1 # http://tinyurl.com/gs9nwrw
2
3
4 2 - 2
```

```
>> 0
```

```
1 # http://tinyurl.com/hasegvj
2
3
4 4 / 2
```

```
>> 2.0
```

```
1 # http://tinyurl.com/z8ok4q3
2
3
4 2 * 2
```

```
>> 4
```

常量（constant）是一个永远不会改变的值。上面示例中的每一个数字，都是常量；数字 2 永远表示的值为 2。**变量**（variable）则相反，指的是会改变的值。变量由一个或多个字符组成的名称构成，并使用**赋值符**（assignment operator）等号赋予了这个名称一个值。

有些编程语言要求程序员编写变量“声明”，明确说明变量的数据类型。例如，在 C 语言中可以这样创建变量：

```
1 # 不用执行
2
3
4
5
6
7 int a;
8 a = 144;
```

Python 的做法更简单；可以直接用赋值符，将某个值赋给变量，即可创建：

```
1 # http://tinyurl.com/hw64mrr
2
3
4 b = 100
5 b

>> 100
```

下面介绍如何改变变量的值：

```
1 # http://tinyurl.com/hw97que
2
3
4 x = 100
5 x
6
7
8 x = 200
9 x

>> 100
>> 200
```

还可以使用两个变量进行算术运算：

```
1 # http://tinyurl.com/z8hv5j5
2
```

```
3
4 x = 10
5 y = 10
6 z = x + y
7 z
8 a = x - y
9 a

>> 20
>> 0
```

编程时经常需要**增加**（increment）或**减小**（decrement）某个变量的值。考虑到这个操作非常普遍，Python 提供了特殊语法进行增减变量的值。如需增加变量的值，可将该变量赋予给自身，然后在等号的另一侧将变量与希望增加的值相加：

```
1 # http://tinyurl.com/zvzf786
2
3
4 x = 10
5 x = x + 1
6 x

>> 11
```

如需减小变量的值，可以执行同样的操作，唯一的区别是要减去所希望的值：

```
1 # http://tinyurl.com/gmuzdr9
2
3
4 x = 10
5 x = x - 1
6 x

>> 9
```

这些示例都是完全有效的，不过还有一种更简便的方法，示例如下：

```
1 # http://tinyurl.com/zdva5wq
2
3
4 x = 10
5 x += 1
6 x

>> 11
```

```
1 # http://tinyurl.com/jqw4m5r
2
3
4 x = 10
5 x -= 1
6 x
```

```
>> 9
```

变量不仅仅用于保存整型数的值，还可以表示任何数据类型，示例如下：

```
1 # http://tinyurl.com/jsygqcy
2
3
4 hi = "Hello, World!"
```

```
1 # http://tinyurl.com/h47ty49
2
3
4 my_float = 2.2
```

```
1 # http://tinyurl.com/hx9xluq
2
3
4 my_boolean = True
```

只要遵守以下 4 条原则，可以随意命名变量。

1. 变量名不能包含空格符。如果想在变量名中使用两个单词，可以在中间加入下划线，如 `my_variable = "A string!"`。

2. 变量名只能使用特定的字母、数字和下划线。

3. 变量名不能以数字开头。虽然可以使用下划线开头，但是这种命名方式有着特殊的意义，后面内容会提到。因此在此之前尽量避免这种情况。

4. 不能使用 Python 关键字作为变量名。可在网页 http://theselftaughtprogrammer.io/keywords 中查看所有关键字。

3.9 语法

语法（syntax）指的是规范一门语言中句子结构，尤其是字词顺序的一整套规则及流程。英语有语法，Python 也有。

在 Python 中，字符串永远被包括在引号内。这就是 Python 的一个语法示例。下面是一个有效的 Python 程序：

```
1 | # http://tinyurl.com/j7c2npf
2 |
3 |
4 | print("Hello, World!")
```

程序之所以有效，是因为遵守了 Python 的语法，在定义字符串时用引号包括了文本。如果只是在文本的一侧使用引号，就违背了 Python 的语法，代码将无法运行。

3.10　错误与异常

如果在编写 Python 程序时无视其语法，那么在运行时将出现错误。Python 解释器将告知代码无法执行，并给出有关该错误的信息。如果只用一个引号定义字符串，看看会发生什么情况，示例如下：

```
1 | # http://tinyurl.com/hp2plhs
2 |
3 |
4 | # 该代码有一个错误
5 |
6 |
7 | my_string = "Hello World.
```

```
>> File "/Users/coryalthoff/PycharmProjects/se.py", line 1 my_string = 'd ^
SyntaxError: EOL while scanning string literal
```

这段信息表示程序中有一个语法错误。语法错误是致命的，将导致程序无法运行。如果强制执行，Python 会报错。错误信息会告诉你错误位于哪个文件，出现在哪一行，以及属于什么类型。尽管这个错误看上去很吓人，但却是很常见的。

如果代码中有错误，首先要找到出错的那行代码，找到出错的地方。在本例中，你应该去找代码的第一行，观察一段时间后，会注意到里面只有一个引号。只要在字符串结尾再加上一个引号，即可解决该错误，然后可以重新运行。从这里开始，本书将这样表示错误输出：

```
>> SyntaxError: EOL while scanning string literal
```

为了方便阅读，书中只显示错误信息的最后一行。

Python 有两种错误：语法错误和异常。不属于语法错误的错误，就是**异常**（exception）。

如果用 0 作为分母，则会出现“ZeroDivisionError”异常。

与语法错误不同的是，异常并不一定是致命的（有办法让程序在即使出现异常时仍继续运行，这会在下一章学到）。出现异常时，Python 程序员会说“Python（或程序）报了一个异常”。下面是一个异常的示例：

```
1 # http://tinyurl.com/jxpztcx
2
3
4 # 该代码有一个错误
5
6 10 / 0
```

```
>> ZeroDivisionError: division by zero
```

如果代码缩进不正确，程序会报“IndentationError”：

```
1 # http://tinyurl.com/gtp6amr
2
3
4 # 该代码有一个错误
5
6
7 y = 2
8           x =1
```

```
>> IndentationError: unexpected indent
```

在学习编程的过程中，你会经常碰到语法错误和异常（包括书中没有讲到过的），但是出错的情况会逐渐减少。要记住，在碰到语法错误或异常时，先找到出现问题的那行代码，然后仔细检查并找到解决办法（如果没有头绪可以在网上搜索错误或异常提示信息）。

3.11 算术操作符

之前，我们用 Python 做了简单的算术计算，如 4/2。这些示例中所使用到的符号被称为**操作符**（operator）。Python 将操作符分为多个类型，目前所见到的是**算术操作符**（arithmetic operator）。下面是 Python 中常用的一些算术操作符，见表 3-1。

表 3-1

操作符	含　义	示例	运算结果
**	指数运算	2 ** 2	4

续表

操作符	含　　义	示例	运算结果
%	取模运算	14 % 4	2
//	整除/地板除运算	13 // 8	1
/	除法运算	13 / 8	1.625
*	乘法运算	8 * 2	16
-	减法运算	7 - 1	6
+	加法运算	2 + 2	4

两个数相除时，会有一个商和一个余数。商就是除法运算的结果，余数即剩下的值。取模操作符返回的就是余数。例如，13 除以 5 的结果就是商 2 余 3，示例如下：

```
1 # http://tinyurl.com/qrdc195
2
3
4 13 // 5
```

```
>> 2
```

```
1 # http://tinyurl.com/zsqwukd
2
3
4 13 % 5
```

```
>> 3
```

对两个数取模时，如果没有余数（返回 0），则被取模的数字为另一个数字的倍数。如果有余数，则不是其倍数。因此取模运算被用于检验数字的奇偶性，示例如下：

```
1 # http://tinyurl.com/jerpe6u
2
3
4 # 偶数
5 12 % 2
```

```
>> 0
```

```
1 # http://tinyurl.com/gkudhcr
2
3
4 # 奇数
5 11 % 2
```

```
>> 1
```

有两个操作符用于除法运算。第一个是 // ，返回值为商：

```
1 # http://tinyurl.com/hh9fqzy
2
3
4 14 // 3
```

```
> 4
```

第二个是 / ，返回值为两个数相除的浮点数结果：

```
1 # http://tinyurl.com/zlkjjdp
2
3
4 14 / 3
```

```
> 4.666666666666667
```

还可以使用指数运算符求幂：

```
1 # http://tinyurl.com/h8vuwd4
2
3 2 ** 2
```

```
>> 4
```

操作符两侧的值（以上示例中就是数字）被称为**操作数**（operand）。两个操作数和一个操作符共同构成一个**表达式**（expression）。程序运行时，Python 会对每个表达式求值，并返回一个值作为结果。如果在交互式 shell 中输入表达式 2 + 2，则返回结果 4。

运算顺序（order of operation），指的是数学计算中对表达式求值的一套规则。可使用 PEMDAS 方法，帮助记忆数学公式的运算顺序：括号（parentheses）、指数（exponents）、乘法（multiplication）、除法（division）、加法（addition）和减法（subtraction）。括号的优先级大于指数符号，后者又优先于乘法和除法，最后才是加法和减法。如果操作符的优先级相同，如 15 / 3 * 2，则按照从左到右的顺序求值。上述表达式中将 15 先除以 3，然后再乘以 2。Python 对数学表达式求值时，遵循的是同一套运算顺序：

```
1 # http://tinyurl.com/hgjyj7o
2
3
4 2 + 2 * 2
```

```
>> 6
```

```
1 # http://tinyurl.com/hsq7rcz
2
3
4 (2 + 2) * 2
```

```
>> 8
```

在第一个示例中，2 * 2 先进行求值，因为乘法的优先级大于加法。

在第二个示例中，(2 + 2)先求值，因为 Python 总是先对括号内的表达式求值。

3.12　比较操作符

比较操作符（comparison operator）是 Python 中的另一种操作符。与算术操作符类似，比较操作符可用于表达式任意一侧的操作数；不同的是，带有比较操作符的表达式最后求值的结果不是 `True` 就是 `False`。详情见表 3-2。

表 3-2

操作符	含　义	示　例	运算结果
>	大于	`100 > 10`	`True`
<	小于	`100 < 10`	`False`
>=	大于或等于	`2 >= 2`	`True`
<=	小于或等于	`1 <= 4`	`True`
==	等于	`6 == 9`	`False`
!=	不等于	`3 != 2`	`True`

在含有 > 操作符的表达式中，如果左侧的数字大于右侧的数字，则表达式的值为 `True`，否则即为 `False`：

```
1 # http://tinyurl.com/jm7cxzp
2
3
4 100 > 10
```

```
>> True
```

在含有 < 操作符的表达式中，如果左侧的数字小于右侧的数字，则表达式的值为 `True`，否则即为 `False`：

```
1 | # http://tinyurl.com/gsdhr8q
2 |
3 | 100 < 10
```

```
>> False
```

在含有 >= 操作符的表达式中，如果左侧的大于或等于右侧的数字，则表达式的值为 True，否则即为 False：

```
1 | # http://tinyurl.com/jy2oefs
2 |
3 | 2 >= 2
```

```
>> True
```

在含有 <= 操作符的表达式中，如果左侧的数字小于或等于右侧的数字，则表达式的值为 True，否则即为 False：

```
1 | # http://tinyurl.com/jk599re
2 |
3 |
4 | 2 <= 2
```

```
>> True
```

在含有 == 操作符的表达式中，如果左侧的数字等于右侧的数字，则表达式的值为 True，否则即为 False：

```
1 | # http://tinyurl.com/j2tsz9u
2 |
3 |
4 | 2 == 2
```

```
>> True
```

```
1 | # http://tinyurl.com/j5mr2q2
2 |
3 |
4 | 1 == 2
```

```
>> False
```

在含有 != 操作符的表达式中，如果左侧的数字不等于右侧的数字，则表达式的值为 True，否则即为 False：

```
1 | # http://tinyurl.com/gsw3zoe
```

```
2
3
4 1 != 2
```

>> True

```
1 # http://tinyurl.com/z7pffk3
2
3
4 2 != 2
```

>> False

此前，如果使用 = 将数字赋值给了变量，如 x = 100。可能会将其理解为“x 等于 100”，但这是错误的。前面看到，=是用来给变量赋值的，而不是检查相等性的操作符。因此 x = 100 应理解为“x 的值为 100”。比较操作符 == 是用于检查两侧是否相等的，因此如果看到 x == 100，含义即为“x 等于 100”。

3.13　逻辑操作符

逻辑操作符（logical operator）也是 Python 中的一类操作符。与比较操作符类似，逻辑操作符的求值结果也是 True 或 False。详情见表 3-3。

表 3-3

操　作　符	含　　义	示　　例	运算结果
and	与	True and True	True
or	或	True or False	True
not	非	not True	False

Python 关键字 and 可以连接两个表达式，如果二者均求值为 True，则返回 True。如果任意一个的值为 False，即返回 False：

```
1 # http://tinyurl.com/zdqghb2
2
3
4 1 == 1 and 2 == 2
```

>> True

```
1 # http://tinyurl.com/zkp2jzy
2
```

```
3
4 1 == 2 and 2 == 2
```

>> False

```
1 # http://tinyurl.com/honkev6
2
3
4 1 == 2 and 2 == 1
```

>> False

```
1 # http://tinyurl.com/zjrxxrc
2
3
4 2 == 1 and 1 == 1
```

>> False

可以在一个语句中多次使用 and 关键字：

```
1 # http://tinyurl.com/zpvk56u
2
3
4 1 == 1 and 10 != 2 and 2 < 10
```

>> True

关键字 or 可连接两个或多个表达式，如果任意一个表达式的值为 True，即返回 True：

```
1 # http://tinyurl.com/hosuh7c
2
3
4 1 == 1 or 1 == 2
```

>> True

```
1 # http://tinyurl.com/zj6q8h9
2
3
4 1 == 1 or 2 == 2
```

>> True

```
1 # http://tinyurl.com/j8ngufo
```

```
2
3
4 1 == 2 or 2 == 1
```

```
>> False
```

```
1 # http://tinyurl.com/z728zxz
2
3
4 2 == 1 or 1 == 2
```

```
>> False
```

类似地，也可以在一个语句中多次使用 or 关键字：

```
1 # http://tinyurl.com/ja9mech
2
3
4 1 == 1 or 1 == 2 or 1 == 3
```

```
>> True
```

该表达式的值为 True，因为 1 == 1 的值为 True，即使表达式其余的部分求值为 False，最终的值仍为 True。

将关键字 not 放置在表达式的前面，将改变表达式的求值结果，逆转为原本结果的对立值。如果表达式原本的求值结果为 True，则加上 not 之后结果会变为 False：

```
1 # http://tinyurl.com/h45eq6v
2
3
4 not 1 == 1
```

```
>> False
```

```
1 # http://tinyurl.com/gsqj6og
2
3
4 not 1 == 2
```

```
>> True
```

3.14 条件语句

关键字 if、elif 和 else 用于**条件语句**（conditional statement）。条件语句是一种**控制结构**（control structure）：通过分析变量的值从而做出对应决定的代码块。条件语句是可根据条件执行额外代码的代码。为了方便理解，仔细看以下这个伪代码（pseudocode）示例（伪代码是用于解释说明示例代码的标记方法）：

```
1 # 不要执行
2
3
4 If (expression) Then
5             (code_area1)
6 Else
7             (code_area2)
```

上述伪代码显示，可以定义两个条件语句。如果第一个条件语句中定义的表达式为 True，则执行 code_area1；否则执行 code_area2。示例中的第一部分被称为 if 语句，第二部分为 else 语句。两者共同组成一个 if-else 语句：程序员用来表达"如果出现这种情况，则这样做，否则那样做"的方法。下面是 Python 中的 if-else 语句示例：

```
1 # http://tinyurl.com/htvy6g3
2
3
4 home = "America"
5 if home == "America":
6     print("Hello, America!")
7 else:
8     print("Hello, World!")
```

```
>> Hello, America!
```

第 5 行和第 6 行共同组成了 if 语句。一个 if 语句中，包括一行以 if 关键字开头的代码行，if 关键字之后是一个表达式，还有冒号、缩进，以及一行或多行如果表达式为 True 的情况下将执行的代码。第 7 行和第 8 行共同组成了 else 语句。一个 else 语句的开头是 else 关键字，然后是冒号、缩进，以及一行或多行如果 if 语句中表达式为 False 时将执行的代码。

二者共同组成了一个 if-else 语句。本例的打印输出结果为 Hello, America!，因为 if 语句中的表达式结果为 True。如果将变量 home 的值修改为 Canada，则 if

语句中的表达式结果为 False，将会执行 else 语句中的代码，程序会打印出 Hello, World!。

```
1 # http://tinyurl.com/jytyg5x
2
3
4 home = "Canada"
5 if home == "America":
6     print("Hello, America!")
7 else:
8     print("Hello, World!")
```

```
>> Hello, World!
```

可以单独使用一个 if 语句：

```
1 # http://tinyurl.com/jyg7dd2
2
3
4 home = "America"
5 if home == "America":
6     print("Hello, America!")
```

```
>> Hello, America!
```

也可以连续使用多个 if 语句：

```
1 # http://tinyurl.com/z24ckye
2
3
4 x = 2
5 if x == 2:
6     print("The number is 2.")
7 if x % 2 == 0:
8     print("The number is even.")
9 if x % 2 != 0:
10     print("The number is odd.")
```

```
>> The number is 2.
>> The number is even.
```

每个 if 语句只有在其表达式求值为 True 时，才会执行所有的代码。在本例中，前两个表达式的求值结果为 True，因此各自的代码都执行了，但是第 3 个表达式的结果为 False，所以没有执行。

如果愿意，甚至还可以在 if 语句中再加入一个 if 语句（通常称之为嵌套）：

```
1  # http://tinyurl.com/zrodgne
2
3
4  x = 10
5  y = 11
6
7
8  if x == 10:
9      if y == 11:
10         print(x + y)
```

```
>> 21
```

在本例中，只有在两个 if 语句的结果均为 True 时，才会打印 x + y。else 语句无法被单独使用，只能用在 if-else 语句的最后一部分。

也可以使用 elif 关键字创建 elif 语句。elif 表示另外如果，该语句可无限添加到 if-else 语句中，使其支持更多的决策。

如果一个 if-else 语句中包含有 elif 语句，则首先判断 if 语句。如果该语句中的表达式为 True，则只执行其中的代码。但是，如果其值为 False，每个之后的 elif 语句都将进行求值。只要有一个 elif 语句中的表达式结果为 True，则执行其中的代码并退出。如果没有任何一个 elif 语句的结果为 True，则执行 else 语句中的代码。下面是一个包含有 elif 语句的 if-else 语句示例：

```
1  # http://tinyurl.com/jpr265j
2
3
4  home = "Thailand"
5  if home == "Japan":
6      print("Hello, Japan!")
7  elif home == "Thailand":
8      print("Hello, Thailand!")
9  elif home == "India":
10     print("Hello, India!")
11 elif home == "China":
12     print("Hello, China!")
13 else:
14     print("Hello, World!")
```

```
>> Hello, Thailand!
```

下面这个示例中，所有的 elif 语句求值结果均不为 True，最后执行的是 else 语句中的代码。示例如下：

```
1  # http://tinyurl.com/zdvuuhs
2
3  home = "Mars"
4  if home == "America":
5      print("Hello, America!")
6  elif home == "Canada":
7      print("Hello, Canada!")
8  elif home == "Thailand":
9      print("Hello, Thailand!")
10 elif home == "Mexico":
11     print("Hello, Mexico!")
12 else:
13     print("Hello, World!")
```

```
>> Hello, World!
```

最后，可以连续使用多个 if 语句和 elif 语句：

```
1  # http://tinyurl.com/hzyxgf4
2
3
4  x = 100
5  if x == 10:
6      print("10!")
7  elif x == 20:
8      print("20!")
9  else:
10     print("I don't know!")
11
12
13 if x == 100:
14     print("x is 100!")
15
16
17 if x % 2 == 0:
18     print("x is even!")
19 else:
20     print("x is odd!")
```

```
>> I don't know!
>> x is 100!
>> x is even!
```

3.15　语句

语句（statement）这个术语可用来描述 Python 语言的多种构成部分。可以将一个 Python 语句视作一个命令或计算。本节将详细介绍语句的语法。如果感觉部分内容初次学起来很难懂，也不用太担心，随着练习 Python 的时间变长，你就会慢慢理解。

Python 中有两类语句：**简单语句**（simple statement）和**复合语句**（compound statement）。简单语句一般就是一行代码，而复合语句通常包括多行代码。下面是一些简单语句的示例：

```
1 | # http://tinyurl.com/jrowero
2 |
3 |
4 | print("Hello, World!")
```

```
>> Hello, World!
```

```
1 | # http://tinyurl.com/h2y549y
2 |
3 |
4 | 2 + 2
```

```
>> 4
```

`if` 语句和 `if-else` 语句，以及本章编写的第一个程序（打印 `Hello, World!`100 次）都是复合语句。

复合语句由一个或多个**从句**（clause）组成。从句包括两行或多行代码：**代码头**（header）及紧随其后的**配套代码**（suite）。代码头指的是从句中包含关键字的那行代码，之后是一个冒号和一行或多行带缩进的代码。缩进之后，是一个或多个配套代码。配套代码就是从句中一行普通的代码。代码头控制配套代码的执行。打印 `Hello, World!`100 次的程序，就是由一个复合语句组成。示例如下：

```
1 | # http://tinyurl.com/zfz3eel
2 |
3 | for i in range(100):
4 |     print("Hello, World!")
```

```
>> Hello, World!
>> Hello, World!
>> Hello, World!
…
```

程序的第一行是代码头，包括关键字 for，之后是冒号。缩进之后是配套代码 print("Hello, World!")。在上述示例中，代码头通过配套代码打印 Hello, World!100 次，这是一个循环，将在第 7 章详细介绍。上述代码只有一个从句。

复合语句可以由多个从句构成，你前面看到的 if-else 语句就是复合语句。if 语句之后如果带有一个 else 语句，就构成了一个由多个从句组成的复合语句。在包含多个从句的复合语句中，代码头从句共同控制代码执行。对于 if-else 语句，当 if 语句的值为 True 时，则执行 if 语句的配套代码，else 语句的配套代码不执行；当 if 语句的值为 False 时，则不执行 if 语句的配套代码，转而执行 else 语句的配套代码。上一节中的最后一个示例包含了 3 个复合语句：

```
1  # http://tinyurl.com/hpwkdo4
2
3
4  x = 100
5  if x == 10:
6      print("10!")
7  elif x == 20:
8      print("20!")
9  else:
10     print("I don't know!")
11
12
13 if x == 100:
14     print("x is 100!")
15
16
17 if x % 2 == 0:
18     print("x is even!")
19 else:
20     print("x is odd!")
```

```
>> I don't know!
>> x is 100!
>> x is even!
```

第一个复合语句中有 3 个从句，第二个里有一个从句，最后一个则有两个从句。

关于语句还有一点要注意，语句之间是可以有空格的，这不会影响代码的执行。空格有时被用来提高代码的可读性。

```
1  # http://tinyurl.com/zlgcwoc
2
```

```
3
4  print("Michael")
5
6
7
8
9
10
11 print("Jordan")
```

```
>> Michael
>> Jordan
```

3.16 术语表

注释：用英文或其他自然语言写的一行（或一部分）代码，行首均有一个特殊标志告知编程语言忽略这行代码。

关键字：编程语言中具有特殊意义的词。可在 http://theselftaughtprogrammer.io/keywords 网页中查看所有 Python 的关键字。

数据类型：数据所属的类别。

对象：Python 中具有 3 个属性的数据值——唯一标识、数据类型和值。

Str：字符串的数据类型。

字符：a 或 1 等单个符号。

Int：整数的数据类型。

整型数据：数据类型为 `int` 的对象，其值为一个整数。

Float：小数的数据类型。

浮点数：数据类型为 `float` 的对象，其值为一个小数。

Bool：布尔对象的数据类型。

布尔值：数据类型为 `bool` 的对象，其值为 `True` 或 `False`。

NoneType：`None` 对象的数据类型。

None：数据类型为 `NoneType` 的对象，其值永远为 `None`。

常量：不会改变的值。

变量：使用赋值操作符赋予了一个值的名称。

赋值操作符：Python 中的 = 符号。

增加：增加一个变量的值。

减小：减小一个变量的值。

语法：规范一门语言中句子结构，尤其是字词顺序的一整套规则及流程。

语法错误：违反编程语言的语法，所导致的致命编程错误。

异常：非致命的编程错误。

操作符：在表达式中与操作符一起使用的符号。

算术操作符：数学表达式中使用的一类操作符。

操作数：操作符两侧的值。

表达式：操作符及两个操作数构成的代码。

运算顺序：数学计算中用来对表达式求值的一组规则。

比较操作符：表达式中用到的一类操作符，求值结果为 `True` 或 `False`。

逻辑操作符：对两个表达式求值的一类操作符，求值结果为 `True` 或 `False`。

条件语句：根据条件执行不同代码的代码。

控制结构：通过分析变量的值，来决定代码如何执行的代码块。

伪代码：用来演示逻辑的标记方法，与代码类似。

if-else 语句：程序员用来表达“如果出现这种情况，则这样做，否则那样做”的方法。

if 语句：`if-else` 语句的第一部分。

else 语句：`if-else` 语句的第二部分。

语句：一个命令或计算。

简单语句：可用一行代码表述的语句。

复合语句：通常包括多行代码的语句。

从句：复合语句的组成部分；一个从句由两行或多行代码构成，包括代码头及配套代码。

代码头：从句中包含关键字的那行代码，之后是一个冒号和一行或多行带缩进的代码。

配套代码：从句中由代码头控制的代码。

3.17　挑战练习

1．请打印 3 个不同的字符串。

2．编写程序：如果变量的值小于 10，打印一条消息；如果大于或等于 10，则打印不同的消息。

3．编写程序：如果变量的值小于或等于 10，打印一条消息；如果大于 10 且小于或等于 25，则打印一条不同的消息；如果大于 25，则打印另一条不同的消息。

4．编写一个将两个变量相除，并打印余数的程序。

5．编写一个将两个变量相除，并打印商的程序。

6．编写程序：为变量 age 赋予一个整数值，根据不同的数值打印不同的字符串说明。

挑战练习源代码可从异步社区（www.epubit.com）本书详情页的配套资源中下载。

第 4 章

函数

“函数应该做一件事。做好这件事。只能做这一件事。”

——罗伯特 · C.马丁（Robert C.Martin）

本章将介绍**函数（function）**：可接受输入，执行指令并返回输出的复合语句。通过函数，我们可以在程序中定义功能，并重复使用。其示例如图 4-1 所示。

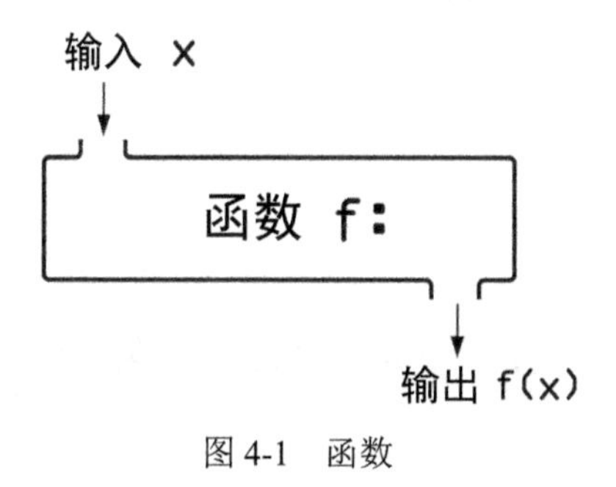

图 4-1　函数

4.1　表达概念

从此处开始，本书将在解释编程概念时使用一种新**约定**（convention）（一种共同认同的方式）。例如，通过 `print("[想打印的内容]")` 来介绍如何使用 print 函数。

新约定中结合使用了 Python 代码和方括号，方括号中的描述用来解释编程概念。当给出类似示例时，除了方括号及其中的内容之外，其他所有都是有效的 Python 代码。方括号中的内容隐含了你应该使用何种代码进行替换。Python 语法中也有使用方括号，因此在代码中本该应用方括号的处置将使用两个方括号体现。

4.2　函数

调用（call）一个函数，意味着为函数提供执行指令并返回输出所需的输入。函数的每一个输入就是一个**参数**（parameter）。当你为函数提供参数时，则被称为“函数传参”。

Python 中的函数类似于数学函数。如果忘记了代数中的函数，请看下面这个示例：

```
1 # 请不要运行代码
2
3
4
5 f(x) = x * 2
```

上面代码中语句左侧定义了一个函数 `f`，接受一个参数 `x`。语句右侧是函数的具体定义，利用 `(x)` 中传递的参数进行计算并返回结果（输出）。本例中，函数的值被定义为函数的参数乘以 2。

Python 和代数均使用如下语法调用函数：`[函数名]([逗号分隔的参数])`。在函数名后加上圆括号即可进行调用，参数放置在圆括号中，以逗号分隔。对于 `f(x) = x * 2` 这个数学函数，`f(2)` 的值是 4，`f(10)` 的值是 20。

4.3　定义函数

在 Python 中创建一个函数，需要选择函数名，并定义其参数、行为和返回值。下面是定义函数的语法：

```
1 # 请不要执行代码
2
3
4
5 def [函数名]([参数]):
6       [函数定义]
```

数学函数 f(x) = x * 2 在 Python 中应该表示如下：

```
1 # http://tinyurl.com/j9dctwl
2
3
4 def f(x):
5     return x * 2
```

关键字 `def` 告诉 Python 操作者正在定义一个函数。在 `def` 关键字后面，指定函数的名称，名称选择遵循与变量名相同的规则。按惯例，函数名不应使用大写字母，单词用下划线分隔：like_this。

命名函数之后，在名称后加上一对圆括号，圆括号中则是希望函数接受的参数。

在圆括号之后加入冒号，然后换行并缩进 4 个空格符（和其他复合语句一样）。冒号之后所有缩进 4 个空格符的代码，就是函数的定义。本例中，函数的定义仅有一行，即 return x * 2。关键字 return 指定了调用函数时输出的值，我们称之为函数的返回值。

在 Python 中，可以使用语法“[函数名]([逗号分隔的参数])”来调用一个函数。以下就是以 2 作为参数调用上述示例中函数 f 的示例：

```
1 # http://tinyurl.com/zheas3d
2
3
4 # 接上一个示例
5
6
7
8 f(2)
```

控制台没有打印任何输出。你可以将函数的输出保存在一个变量中，然后将其传给 print 函数。示例如下：

```
1 # http://tinyurl.com/gspjcgj
2
3
4 # 接上一个示例
5
6
7
8 result = f(2)
9 print(result)
```

```
>> 4
```

如果后面在程序中有需要使用函数返回值的地方，建议将函数的返回值保存到一个变量中。示例如下：

```
1 # http://tinyurl.com/znqp8fk
2
3
4 def f(x):
```

```
5|       return x + 1
6|
7|
8| z = f(4)
9|
10|
11| if z == 5:
12|     print("z is 5")
13| else:
14|     print("z is not 5")
```

```
>> z is 5
```

函数可以有一个或多个参数，也可以不接受任何参数。如要定义不需要参数的函数，只需要在定义函数时把圆括号内置为空即可：

```
1 | # http://tinyurl.com/htk7tr6
2 |
3 |
4 | def f():
5 |     return 1 + 1
6 |
7 |
8 | result = f()
9 | print(result)
```

```
>> 2
```

如要函数接受多个参数，则必须将圆括号中的参数以逗号相隔：

```
1 | # http://tinyurl.com/gqmkft7
2 |
3 |
4 | def f(x, y, z):
5 |     return x + y + z
6 |
7 |
8 | result = f(1, 2, 3)
9 | print(result)
```

```
>> 6
```

最后，函数必须包含 return 语句。如果函数没有 return 语句，则会返回 None。示例如下：

```
1 # http://tinyurl.com/j8qyqov
2
3
4 def f():
5     z = 1 + 1
6
7
8 result = f()
9 print(result)
```

```
>> None
```

4.4 内置函数

Python 编程语言中自带了一个被称为**内置函数**（builtin function）的函数库，它可执行各式各样的计算和任务，而不需任何额外的工作。在前面已经看到过一个内置函数的例子：我们编写的第一个程序就使用了 `print` 函数打印`"Hello, World!"`。

len 也是一个内置函数，表示返回对象的长度，如字符串的长度（字符的数量）。示例如下：

```
1 # http://tinyurl.com/zfkzqw6
2
3
4 len("Monty")
```

```
>> 5
```

```
1 # http://tinyurl.com/h75c3cf
2
3
4 len("Python")
```

```
>> 6
```

内置函数 `str` 接受一个对象作为参数，并返回一个数据类型为 `str` 的新对象。例如，可使用 `str` 将一个整型数据转换成一个字符串。示例如下：

```
1 # http://tinyurl.com/juzxg2z
2
3
4 str(100)
```

```
>> '100'
```

int 函数可接受一个对象作为参数，并返回一个整型对象。示例如下：

```
1  # http://tinyurl.com/j42qhkf
2
3
4  int("1")
```

```
>> 1
```

float 函数可接受一个对象作为参数，并返回一个浮点数对象。示例如下：

```
1  # http://tinyurl.com/hnk8gh2
2
3
4  float(100)
```

```
>> 100.0
```

传给 str、int 或 float 函数的参数，必须要能够转换为字符串、整数或浮点数。str 函数可接受大部分对象作为参数，但是 int 函数只能接受内容为数字的字符串或浮点数对象。float 函数只能接受内容为数字的字符串或整型对象。具体示例如下：

```
1  # http://tinyurl.com/jcchmlx
2
3
4  int("110")
5  int(20.54)
6
7
8  float("16.4")
9  float(99)
```

```
>> 110
>> 20
>> 16.4
>> 99.0
```

如果向 int 或 float 函数中传递的是无法转换为整数或浮点数的参数，Python 将会报出异常错误如下：

```
1  # http://tinyurl.com/zseo21s
2
3
4  int("Prince")
```

```
>> ValueError: invalid literal for int() with base 10: 'Prince'
```

使用内置函数 input 收集用户的信息的示例代码如下：

```
1  age = input("Enter your age:")
2  int_age = int(age)
3  if int_age < 21:
4      print("You are young!")
5  else:
6      print("Wow, you are old!")
```

```
>> Enter your age:
```

input 函数接受一个字符串作为参数，并将其展示给使用该程序的用户。用户在 shell 中输入回答，程序将回答保存在变量 age 中。

接下来，使用 int 函数将 age 变量的值从字符串转换为整数。input 函数从用户收集数据以作为 str，但是需要将变量设为 int 才能与其他整数进行比较。转换为整数后，if-else 语句根据用户的输入决定为用户打印什么信息。如果用户输入的数字小于 21，则打印“You are young!”。如果用户输入的数字大于或等于 21，则打印“Wow, you are old!”。

4.5 复用函数

函数不仅可用于计算并返回值，还可以封装我们希望复用的功能。示例如下：

```
1  # http://tinyurl.com/zhy8y4m
2
3
4  def even_odd(x):
5      if x % 2 == 0:
6          print("even")
7      else:
8          print("odd")
9
10
11 even_odd(2)
12 even_odd(3)
```

```
>> even
>> odd
```

这里虽然没有定义函数的返回值，但是该函数还是有用的：它检测 `x % 2 == 0` 是否为真，并打印 x 是奇数还是偶数。

因为可以对函数进行复用，所以利用函数可以减少代码量。一个未使用函数的示例如下：

```
1  # http://tinyurl.com/jk8lugl
2
3
4  n = input("type a number:")
5  n = int(n)
6
7
8  if n % 2 == 0:
9      print("n is even.")
10 else:
11     print("n is odd.")
12
13
14 n = input("type a number:")
15 n = int(n)
16 if n % 2 == 0:
17     print("n is even.")
18 else:
19     print("n is odd.")
20
21
22 n = input("type a number:")
23 n = int(n)
24 if n % 2 == 0:
25     print("n is even.")
26 else:
27     print("n is odd.")
```

```
>> type a number:
```

上面这个程序让用户 3 次输入数字，然后通过 `if-else` 语句检查数字是否为偶数。如果为偶数，则打印“`n is even.`”，否则打印“`n is odd.`”。

这个程序的问题在于相同的代码重复了 3 次。如果将功能封装在函数中，再调用函数 3 次，则可以大幅减少程序的代码量，并提高可读性。示例如下：

```
1  # http://tinyurl.com/zzn22mz
2
3
```

```
4  def even_odd():
5      n = input("type a number:")
6      n = int(n)
7      if n % 2 == 0:
8          print("n is even.")
9      else:
10         print("n is odd.")
11
12
13 even_odd()
14 even_odd()
15 even_odd()
```

```
>> type a number:
```

新程序的功能与前一个程序完全相同，但是由于将功能封装在了一个可随时按需调用的函数中，代码量大幅减少，可读性大大提升。

4.6　必选及可选参数

函数可接受两种参数。目前所看到的都是**必选参数**（required parameter）。当用户调用函数时，必须传入所有必选参数，否则 Python 将报告异常错误。

Python 中还有另一种参数，即**可选参数**（optional parameter）。函数只在需要时才会传入，并不是执行程序所必须的。如果没有传入可选参数，函数将使用其默认值。使用如下语法定义可选参数：`[函数名]([参数名]=[参数值])`。与必选参数一样，可选参数也得使用逗号分隔。一个带可选参数的函数示例如下：

```
1  # http://tinyurl.com/h3ych4h
2
3
4  def f(x=2):
5      return x ** x
6
7
8  print(f())
9  print(f(4))
```

```
>> 4
>> 256
```

首先，这里没有传入参数而是直接调用函数。因为参数是可选的，`x` 自动获得值为 2，函数返回 4。

接下来，传入参数 4 并调用函数。函数没有使用默认值，x 获得值为 4，函数返回 256。你可以定义一个既有必选参数也有可选参数的函数，但是必选参数必须位于可选参数之前。

```
1 # http://tinyurl.com/hm5svn9
2
3
4 def add_it(x, y=10):
5     return x + y
6
7
8 result = add_it(2)
9 print(result)
```

```
>> 12
```

4.7　作用域

变量有一个很重要的属性，**作用域**（scope）。定义变量时，其作用域指的是哪部分程序可以对其进行读写。读取一个变量意味着获取它的值，写变量意味着修改它的值。变量的作用域由其定义在程序中所处的位置决定。

如果在函数（或类，本书第二部分将介绍）之外定义了一个变量，则变量拥有**全局作用域**（global scope）：即在程序中任意地方都可以对其进行读写操作。带有全局作用域的变量，被称为**全局变量**（global variable）。如果在函数（或类）内部定义一个变量，则变量拥有**局部作用域**（local scope）：即程序只有在定义该变量的函数内部才可对其进行读写。下面示例中的变量拥有全局作用域：

```
1 # http://tinyurl.com/zhmxnqt
2
3
4 x = 1
5 y = 2
6 z = 3
```

这些变量不是在函数（或类）内部定义的，因此拥有全局作用域。这意味着可以在程序的任意地方对其进行读写，包含在函数内部。示例如下：

```
1 # http://tinyurl.com/hgvnj4p
2
3
4 x = 1
```

```
5 | y = 2
6 | z = 3
7 |
8 |
9 | def f():
10|     print(x)
11|     print(y)
12|     print(z)
13|
14|
15| f()
```

```
>> 1
>> 2
>> 3
```

如果是在函数内部定义的这些变量，则只能在那个函数内部对其进行读写。如果尝试在该函数之外访问它们，Python 会报异常错误。示例如下：

```
1 | # http://tinyurl.com/znka93k
2 |
3 |
4 | def f():
5 |     x = 1
6 |     y = 2
7 |     z = 3
8 |
9 |
10| print(x)
11| print(y)
12| print(z)
```

```
>> NameError: name 'x' is not defined
```

如果在函数内部访问这些变量，则会成功运行。示例如下：

```
1 | # http://tinyurl.com/z2k3jds
2 |
3 |
4 | def f():
5 |     x = 1
6 |     y = 2
7 |     z = 3
8 |     print(x)
9 |     print(y)
10|     print(z)
```

```
11
12
13 f()
```

```
>> 1
>> 2
>> 3
```

在定义变量的函数之外使用变量，相当于使用一个尚未定义的变量，二者都会使Python报告相同的异常错误：

```
1 # http://tinyurl.com/zn8zjmr
2
3
4 if x > 100:
5     print("x is > 100")
```

```
>> NameError: name 'x' is not defined
```

可以在程序的任何地方对全局变量进行写操作，但是在局部作用域中需稍加注意：必须明确使用 `global` 关键字，并在其后写上希望修改的变量。Python要求这样做，是为了确保在函数内部定义变量x时，不会意外变更之前在函数外部定义的变量的值。在函数内部对全局变量进行写操作的示例如下：

```
1  # http://tinyurl.com/zclmda7
2
3
4  x = 100
5
6
7  def f():
8      global x
9      x += 1
10     print(x)
11
12
13 f()
```

```
>> 101
```

没有作用域，则可以在程序任何地方访问所有变量，这样会造成很大的问题。如果程序代码量很大，其中有一个使用变量x的函数，你可能会在其他地方修改该变量的值。类似这样的错误会改变程序的行为，并导致意料之外的结果。程序规模越大，变量数量越多，出现问题的可能性就越高。

4.8　异常处理

依赖 input 函数获得用户输入，则意味着无法控制程序的输入（用户提供的输入可能会导致错误）。例如，假设你写了一个程序，从用户端收集两个数字并打印第一个数字除以第二个数字的结果。示例如下：

```
1  # http://tinyurl.com/jcg5qwp
2
3
4  a = input("type a nubmer:")
5  b = input("type another:")
6  a = int(a)
7  b = int(b)
8  print(a / b)
```

```
>> type a number:
>> 10
>> type another:
>> 5
>> 2
```

程序看起来运行正常。但是，如果用户第二个数字输入的是 0，则会出现问题，如下所示：

```
1  # http://tinyurl.com/ztpcjs4
2
3
4  a = input("type a nubmer:")
5  b = input("type another:")
6  a = int(a)
7  b = int(b)
8  print(a / b)
```

```
>> type a number:
>> 10
>> type another:
>> 0
>> ZeroDivisionError: integer division or modulo by zero
```

这里不能指望使用程序的用户不会输入 0 作为第二个数字。其解决方法是使用**异常处理**（exception handling），支持测试错误条件，在错误发生时捕获异常，然后决定如何处理。

异常处理使用 try 和 except 关键字。在你修改程序使用异常处理之后，如果用户第二个数字输入 0，程序不会报错，而是会打印一段话告诉用户不要输入 0。

Python 中的每一个异常都是一个对象，可在如下网址查看所有内置异常：https://www.tutorialspoint.com/python/standard_exceptions.htm。如果你认为代码可能会报告异常，可使用关键字 try 和 except 来捕获。

try 从句包含可能会发生的错误，except 从句包含仅在错误发生时执行的代码。下面是在程序中进行异常处理的一个示例，这样如果用户输入 0 作为第二个数字，程序也不会崩溃。示例如下：

```
1  # http://tinyurl.com/j2scn4f
2
3
4  a = input("type a number:")
5  b = input("type another:")
6  a = int(a)
7  b = int(b)
8  try:
9      print(a / b)
10 except ZeroDivisionError:
11     print("b cannot be zero.")
```

```
>> type a number:
>> 10
>> type another:
>> 0
>> b cannot be zero.
```

如果用户为 b 参数提供的输入不是 0，则执行 try 代码块，except 代码块不执行。如果用户为 b 参数提供的输入为 0，Python 不会报错，而是执行 except 代码块，并打印“b cannot be zero.”。

如果用户输入的是无法转换为整型数的字符串，程序也会崩溃。示例如下：

```
1  a = input("type a number:")
2  b = input("type another:")
3  a = int(a)
4  b = int(b)
5  try:
6      print(a / b)
7  except ZeroDivisionError:
8      print("b cannot be zero.")
```

```
>> type a number:
>> Hundo
>> type another:
>> Million
>> ValueError: invalid literal for int() with base 10: 'Hundo'
```

将收集用户输入的部分代码移入 try 语句内，并让 except 语句注意两个异常（ZeroDivisionError 和 ValueError）即可解决问题。如果向 int、str 或 float 等内置函数中传入无效输入，则会出现 ValueError。在 except 关键字后添加圆括号，并用逗号分隔两个异常即可将二者捕获。示例如下：

```
1  # http://tinyurl.com/jlus42v
2
3
4  try:
5      a = input("type a number:")
6      b = input("type another:")
7      a = int(a)
8      b = int(b)
9      print(a / b)
10 except (ZeroDivisionError,
11         ValueError):
12     print("Invalid input.")
```

```
>> type a number:
>> Hundo
>> type another:
>> Million
>> Invalid input.
```

不要在 except 语句中使用 try 语句定义的变量，因为异常可能是在变量定义之前发生的，如果在 except 语句中这样做可能又会导致新的异常出现。示例如下：

```
1  # http://tinyurl.com/hockur5
2
3
4  try:
5      10 / 0
6      c = "I will never get defined."
7  except ZeroDivisionError:
8      print(c)
```

```
>> NameError: name 'c' is not defined
```

4.9　文档字符串

定义一个带参数的函数时，有时要求参数必须是某种数据类型，函数才能成功执行。那么该如何将这点告知函数的调用者？在编写函数时，在函数顶部留下注释来解释每个参数应该为何种数据类型，是比较好的做法。这些注释被称为**文档字符串**（docstring）。文档字符串用于解释函数的功能，记录所需的参数类型。

```
# http://tinyurl.com/zhahdcg


def add(x, y):
    """
    返回 x + y 的值
    :param x: int.
    :param y: int.
    :return: int, x 与 y 之和
    """
    return x + y
```

文档字符串的第一行清楚地解释了函数的功能，因此当其他开发者使用该函数或方法时，他们不必读完所有代码才能弄清其目的。文档字符串的其他行列出了函数的参数、参数类型和返回值。文档字符串有助于开发者快速编程，因为不必通读代码，只需通过文档字符串即可了解函数的作用等必要信息。

为了保证本书的示例简洁，书中省略了一般都会加上的文档字符串。正常情况下，我在编码时会加上文档字符串，以供其他开发者之后阅读。

4.10　有需要才使用变量

只有在后面的程序中会用到的数据，才有必要将其保存至变量。不要仅仅为了打印数值就将整数保存至变量。示例如下：

```
# http://tinyurl.com/zptktex


x = 100
print(x)
```

```
>> 100
```

这里应该直接将整数传给 print 函数：

```
1 # http://tinyurl.com/hmwr4kd
2
3
4 print(100)
```

```
>> 100
```

本书中的一些示例多次违背了这条准则，目的是为了方便大家理解。读者在写代码时没有必要这样做。

4.11　术语表

函数：可接受输入和执行指令，并返回输出的复合语句。

惯例：普遍认可的行为方式。

调用：向函数提供执行指令、返回输出所需的输入。

参数：传递给函数的数据。

必选参数：非可选参数。

可选参数：非必须提供的参数。

内置函数：Python 自带的函数。

作用域：变量可进行读写的范围。

全局作用域：可在程序中任何地方读写的变量的作用域。

全局变量：拥有全局作用域的变量。

局部作用域：只能在其定义所在的函数（或类）中读写的变量的作用域。

异常处理：一个编程概念，要求检测错误条件。如果符合则捕获异常，并决定如何处理。

文档字符串：解释函数功能，记录其参数类型的字符串。

4.12　挑战练习

1. 编写一个函数，接受数字作为输入，并返回该数字的平方。

2．编写一个以字符串为参数并将其打印的函数。

3．编写一个接受 3 个必选参数、两个可选参数的函数。

4．编写一个带两个函数的程序。第一个函数应接受一个整数为参数，并返回该整数除以 2 的值。第二个函数应接受一个整数作为参数，并返回该整数乘以 4 的值。调用第一个函数，将结果保存至变量，并将变量作为参数传递给第二个函数。

5．编写一个将字符串转换为 float 对象并返回该结果的函数。使用异常处理来捕获可能发生的异常。

6．为挑战练习 1～5 中编写的所有函数添加文档字符串。

挑战练习源代码可从异步社区（www.epubit.com）本书详情页的配套资源中下载。

第5章

容器

"愚者困惑，智者提问。"

——本杰明·迪斯雷利（Benjamin Disraeli）

在第3章中，我们学习了如何用变量保存对象。本章将讨论如何用容器保存对象。容器就像是文件柜，可有效整理数据。这里将学习3个常用的容器：列表、元组和字典。

5.1 方法

第4章介绍了函数。Python中有一个类似的概念，叫**方法**（method）。方法是与指定数据类型紧密相关的函数。方法与函数一样，可执行代码并返回结果。不同的是，只有在对象上才能调用方法。同样也可以传递参数给方法。调用字符串的 `upper` 和 `replace` 方法的示例如下：

```
1 # http://tinyurl.com/zdllght
2
3
4 "Hello".upper()
```

```
>> 'HELLO'
```

```
1 # http://tinyurl.com/hfgpst5
2
3
4 "Hello".replace("o", "@")
```

```
>> 'Hell@'
```

本书第二部分将详细介绍方法。

5.2　列表

列表（list）是以固定顺序保存对象的容器（如图 5-1 所示）。

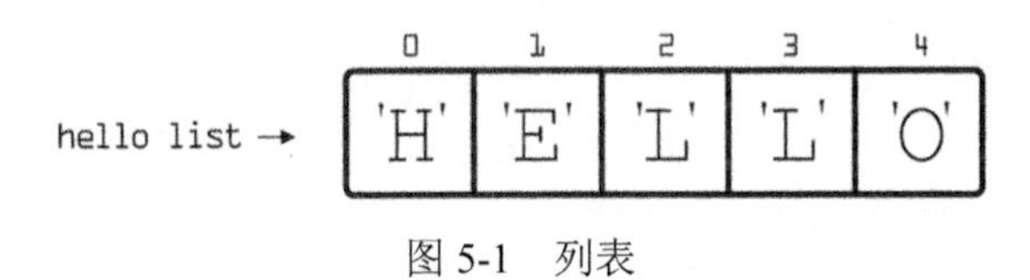

图 5-1　列表

列表用方括号表示。我们可使用两种语法创建列表，一种是使用 `list` 函数创建空列表，示例如下：

```
1 # http://tinyurl.com/h4go6kg
2
3
4 fruit = list()
5 fruit
```

```
>> []
```

或者直接使用方括号：

```
1 # http://tinyurl.com/jft8p7x
2
3
4 fruit = []
5 fruit
```

```
>> []
```

使用第二种语法，并将你希望放在列表中的所有对象填入方括号中，用逗号分隔，即可创建一个包含所有对象的列表。示例如下：

```
1 # http://tinyurl.com/h2y8nos
2
3
4 fruit = ["Apple", "Orange", "Pear"]
5 fruit
```

```
>> ['Apple', 'Orange', 'Pear']
```

上述示例中的列表有 3 个元素：`"Apple"`、`"Orange"`和`"Pear"`。列表中的元素是有序的。除非你重新调整列表中元素的顺序，否则`"Apple"`永远是第一个元素，

"Orange"是第二个元素，"Pear"则是第三个元素。"Apple"位于列表的开头，末尾则是"Pear"。这里可使用 append 方法向列表中添加一个新元素。示例如下：

```
1 # http://tinyurl.com/h9w3z2m
2
3
4 fruit = ["Apple", "Orange", "Pear"]
5 fruit.append("Banana")
6 fruit.append("Peach")
7 fruit
```

```
>> ['Apple', 'Orange', 'Pear', 'Banana', 'Peach']
```

传递给 append 方法的两个对象现在都加入了列表。但 append 方法永远是将新元素添加至列表的末尾。

列表不仅可以保存字符串，它还可以保存任意数据类型。示例如下：

```
1 # http://tinyurl.com/zhpntsr
2
3
4 random = []
5 random.append(True)
6 random.append(100)
7 random.append(1.1)
8 random.append("Hello")
9 random
```

```
>> [True, 100, 1.1, 'Hello']
```

字符串、列表和元组都是**可迭代的**（iterable）。如果可以使用循环访问对象中的每一个元素，那么该对象是可迭代的，被称为**可迭代对象**。可迭代对象中的每一个元素都有一个**索引**（index），即表示元素在可迭代对象中位置的数字。列表中第一个元素的索引是 0，而不是 1。

在如下示例中，"Apple"的索引是 0，"Orange"的索引是 1，"Pear"的索引是 2：

```
1 # http://tinyurl.com/z8zzk8d
2
3
4 fruit = ["Apple", "Orange", "Pear"]
```

你可以使用语法[列表名][[索引]]获取一个元素：

```
1 # http://tinyurl.com/jqtlwpf
2
3
4 fruit = ["Apple", "Orange", "Pear"]
5 fruit[0]
6 fruit[1]
7 fruit[2]
```

```
>> 'Apple'
>> 'Orange'
>> 'Pear'
```

如果获取的是不存在的索引，Python 会报告异常：

```
1 # http://tinyurl.com/za3rv95
2
3
4 colors = ["blue", "green", "yellow"]
5 colors[4]
```

```
>> IndexError: list index out of range
```

列表是**可变的**（mutable）。如果一个容器是可变的，则可以向该容器中增删对象。将列表中某个元素的索引赋给一个新的对象，即可改变该元素：

```
1 # http://tinyurl.com/h4ahvf9
2
3
4 colors = ["blue", "green", "yellow"]
5 colors
6 colors[2] = "red"
7 colors
```

```
>> ['blue', 'green', 'yellow']
>> ['blue', 'green', 'red']
```

也可使用 pop 方法移除列表中的最后一个元素：

```
1 # http://tinyurl.com/j52uvmq
2
3
4 colors = ["blue", "green", "yellow"]
5 colors
6 item = colors.pop()
7 item
8 colors
```

```
>> ['blue', 'green', 'yellow']
>> 'yellow'
>> ['blue', 'green']
```

不能对空列表使用 pop 方法。否则，Python 则会报告异常。

你可以使用加法操作符来合并两个列表：

```
1 # http://tinyurl.com/jjxnk4z
2
3
4 colors1 = ["blue", "green", "yellow"]
5 colors2 = ["orange", "pink", "black"]
6 colors1 + colors2
```

```
>> ['blue', 'green', 'yellow', 'orange', 'pink', 'black']
```

也可以使用关键字 in 检查某个元素是否在列表中：

```
1 # http://tinyurl.com/z4fnv39
2
3
4 colors = ["blue", "green", "yellow"]
5 "green" in colors
```

```
>> True
```

使用关键字 not in 检查某个元素是否不在列表中：

```
1 # http://tinyurl.com/jqzk8pj
2
3
4 colors = ["blue", "green", "yellow"]
5 "black" not in colors
```

```
>> True
```

使用函数 len 可获得列表的大小（包含元素的个数）：

```
1 # http://tinyurl.com/hhx6rx4
2
3
4 len(colors)
```

```
>> 3
```

下面是一个在实践中使用列表的例子：

```
1  # http://tinyurl.com/gq7yjr7
2
3
4  colors = ["purple",
5            "orange",
6            "green"]
7
8
9  guess = input("Guess a color:")
10
11
12 if guess in colors:
13     print("You guessed correctly!")
14 else:
15     print("Wrong! Try again.")
```

```
>> Guess a color:
```

列表 colors 包含了代表颜色的不同字符串。程序使用内置函数 input 来让用户猜测是什么颜色，并将用户的答案保存至变量。如果答案在 colors 列表中，则告知用户猜测正确。反之，让用户再次尝试。

5.3 元组

元组(tuple)是存储有序对象的一种容器。与列表不同，元组是**不可变的**(immutable)，这意味着其内容不会变化。创建元组后，无法修改其中任何元组的值，也无法添加或修改元素。用圆括号表示元组，且必须用逗号分隔元组中的元素。有两种语法可以创建元组，第一种如下所示：

```
1 # http://tinyurl.com/zo88eal
2
3
4 my_tuple = tuple()
5 my_tuple
```

```
>> ()
```

以及第二种语法：

```
1 # http://tinyurl.com/zm3y26j
2
3
4 my_tuple = ()
5 my_tuple
```

```
>> ()
```

如果要向元组中新增对象，可用第二种语法创建一个新的元组，并在其中加入你希望增加的每个元素，用逗号分隔：

```
1 # http://tinyurl.com/zlwwfe3
2
3
4 rndm = ("M. Jackson", 1958, True)
5 rndm
```

```
>> ('M. Jackson', 1958, True)
```

即使元组中只有一个元素，也需要在该元素的后面加上逗号。只有这样，Python 才能将其与其他为了表示运算顺序而放在圆括号中的数字标记进行区分。示例如下：

```
1 # http://tinyurl.com/j8mca8o
2
3
4 # 这是元组
5 ("self_taught", )
6
7
8 # 这不是元组
9 (9) + 1
```

```
>> ('self_taught', )
>> 10
```

创建元组之后，不能再新增元素或修改已有元素。如果在创建元组后这样做，Python 会报告异常：

```
1 # http://tinyurl.com/z3x34nk
2
3
4 dys = ("1984",
5        "Brave New World",
6        "Fahrenheit 451")
7
8
9 dys[1] = "Handmaid's Tale"
```

```
>> TypeError: 'tuple' object does not support item assignment
```

可使用与列表一样的方法来获取元组的元素，即引用其索引：

```
1 # http://tinyurl.com/z9dc6lo
2
3
4 dys = ("1984",
5        "Brave New World",
6        "Fahrenheit 451")
7
8
9 dys[2]
```

```
>> 'Fahrenheit 451'
```

可使用关键字 in 来检查某个元素是否在元组中：

```
1 # http://tinyurl.com/j3bsel7
2
3
4 dys = ("1984",
5        "Brave New World",
6        "Fahrenheit 451")
7
8
9 "1984" in dys
```

```
>> True
```

在 in 前加上关键字 not 即可检查元素是否不在元组中：

```
1 # http://tinyurl.com/jpdjjv9
2
3
4 dys = ("1984",
5        "Brave New World",
6        "Fahrenheit 451")
7
8
9 "Handmaid's Tale" not in dys
```

```
>> True
```

你可能会疑惑为什么要使用一个看上去没有列表灵活的数据结构。因为在处理明确永远不会改变的，并且也不希望其他程序对其进行修改的值时，元组是非常有用的。地理坐标就是适合使用元组存储的一种数据。城市的经纬度应保存在元组中，因为这些值永远不会改变，保存为元组意味着程序不会意外对其进行修改。元组可以用作字典的键，而列表不行。这个知识点会在下一节介绍。

5.4　字典

字典（dictionary）是另一种用于存储对象的内置容器。它们被用来链接**键**（key）和**值**（value）这两个对象（如图 5-2 所示）。将一个对象链接至另一个对象，也被称为**映射**（mapping），结果为产生一个**键值对**（key-value pair）。可将键值对添加到字典，然后使用键在字典中查询，可获得其对应的值。但是无法使用值来查询键。

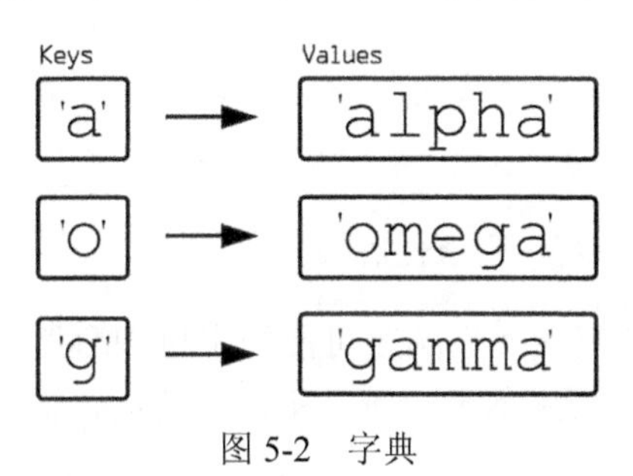

图 5-2　字典

字典是可变的，因此可以向字典中新增键值对。与列表和元组不同，字典中存储的对象是无序的。字典的价值在于键与值之间的关联。需要成对存储数据的场景很多。例如，可以将关于某个人的信息存储在字典中，将名为 height 的键，映射至代表这个人身高的值；将名为 eyecolor 的键映射至代表这个人眼睛颜色的值；将名为 nationality 的键映射至代表这个人国籍的值。

字典用花括号表示。有两种创建字典的语法，其一如下：

```
1 | # http://tinyurl.com/zfn6jmw
2 |
3 |
4 | my_dict = dict()
5 | my_dict
```

```
>> {}
```

另一种方法如下：

```
1 | # http://tinyurl.com/jfgemf2
2 |
3 |
4 | my_dict = {}
5 | my_dict
```

```
>> {}
```

可以在创建字典时直接添加键值对。上述两种语法都要求用冒号分隔键与值，每个键值对之间用逗号分隔。与元组不同的是，如果只有一个键值对，不需要在其后添加逗号。如下示例介绍了创建字典时如何添加键值对：

```
1  # http://tinyurl.com/hplqc4u
2
3
4  fruits = {"Apple":
5            "Red",
6            "Banana":
7            "Yellow"}
8  fruits
```

```
>> {'Apple': 'Red', 'Banana': 'Yellow'}
```

读者在 shell 中看到的字典元素顺序可能与上例中有所不同，因为字典的键是无序的，Python 会随机打印其元素（本节中所有示例均适用该情况）。

字典是可变的。创建字典后，可通过语法“[字典名][[键]] = [值]”添加新的键值对，并通过语法“[字典名][[键]]”查找值。示例如下：

```
1  # http://tinyurl.com/grc28lh
2
3
4  facts = dict()
5
6
7  # 添加键-值对
8  facts["code"] = "fun"
9  # 查找键对应的值
10 facts["code"]
11
12
13 # 添加键-值对
14 facts["Bill"] = "Gates"
15 # 查找键对应的值
16 facts["Bill"]
17
18
19 # 添加键-值对
20 facts["founded"] = 1776
21 # 查找键对应的值
22 facts["founded"]
```

```
>> 'fun'
```

```
>> 'Gates'
>> 1776
```

字典的值可以是任意对象。在上例中，前两个值是字符串，最后一个值 1776 是整数。但是字典的键必须是不可变的。字符串或元组可以用作字典的键，但是列表或字典不可以。

可以使用关键字 in 检查某个键是否在字典中，但不能用其检查某个值是否在字典中。示例如下：

```
1 # http://tinyurl.com/hgf9vmp
2
3
4 bill = dict({"Bill Gates":
5              "charitable"})
6
7
8 "Bill Gates" in bill
```

```
>> True
```

如果访问一个不在字典中的键，Python 将报告异常。

在关键字 in 之前加上关键字 not，可检查键是否不在字典中。示例如下：

```
1 # http://tinyurl.com/he3g993
2
3
4 bill = dict({"Bill Gates":
5                   "charitable"})
6
7
8 "Bill Doors" not in bill
```

```
>> True
```

可使用关键字 del 删除字典中的键值对。示例如下：

```
1 # http://tinyurl.com/htrd9lj
2
3
4 books = {"Dracula": "Stoker",
5          "1984": "Orwell",
6          "The Trial": "Kafka"}
7
8
9 del books["The Trial"]
```

```
10
11 books
```

```
>> {'Dracula': 'Stoker', '1984': 'Orwell'}
```

一个使用字典的程序示例如下：

```
1  # http://tinyurl.com/gnjvep7
2
3
4  rhymes = {"1": "fun",
5            "2": "blue"
6            "3": "me",
7            "4": "floor",
8            "5": "live"
9            }
10
11
12 n = input("Type a number:")
13 if n in rhymes:
14     rhyme = rhymes[n]
15     print(rhyme)
16 else:
17     print("Not found.")
```

```
Type a number:
```

字典 rhymes 中有 5 个数字（键），分别映射至 5 个单词（值）。程序让用户输入数字，并保存在变量中。在从字典中查找单词之前，记得先用 in 关键字检查字典中是否存在对应的键。如果存在，则查找字典中对应的单词并打印出来。否则会打印消息告诉用户未查找到。

5.5　容器嵌套容器

可以在容器中存储容器。例如，你可以在列表中保存列表：

```
1  # http://tinyurl.com/gops9fz
2
3
4  lists = []
5  rap = ["Kanye West",
6         "Jay Z",
7         "Eminem",
8         "Nas"]
```

```
9
10
11 rock = ["Bob Dylan",
12         "The Beatles",
13         "Led Zeppelin"]
14
15
16 djs = ["Zeds Dead",
17        "Tiesto"]
18
19
20 lists.append(rap)
21 lists.append(rock)
22 lists.append(djs)
23
24
25 print(lists)
```

```
>> [['Kanye West', 'Jay Z', 'Eminem', 'Nas'], ['Bob Dylan', 'The Beatles', 'Led Zeppelin'], ['Zeds Dead', 'Tiesto']]
```

在上述例中，lists 有 3 个元素。每个元素都是一个列表：第一个元素是嘻哈歌手列表，第二个元素是摇滚歌手列表，第三个元素是 DJ 列表。可通过元素对应的索引访问这些列表：

```
1 # http://tinyurl.com/gu4mudk
2
3
4 # 接上例
5
6
7 rap = lists[0]
8 print(rap)
```

```
>> ['Kanye West', 'Jay Z', 'Eminem', 'Nas']
```

如果向列表 rap 中添加一个新元素，该修改也会体现在 lists 列表中：

```
1 # http://tinyurl.com/hdtosm2
2
3
4 # 接上例
5
6
7
```

```
8  rap = lists[0]
9  rap.append("Kendrick Lamar")
10 print(rap)
11 print(lists)
```

```
>> ['Kanye West', 'Jay Z', 'Eminem', 'Nas', 'Kendrick Lamar']
>> [['Kanye West', 'Jay Z', 'Eminem', 'Nas', 'Kendrick Lamar'],
['Bob Dylan', 'The Beatles', 'Led Zeppelin'], ['Zeds Dead', 'Tiesto']]
```

也可以在列表中存储元组，在元组中存储列表，还可以在列表或元组中存储字典：

```
1  # http://tinyurl.com/z9dhema
2
3
4  locations = []
5
6
7  la = (34.0522, 188.2437)
8  chicago = (41.8781, 87.6298)
9
10
11 locations.append(la)
12 locations.append(chicago)
13
14
15 print(locations)
```

```
>> [(34.0522, 188.2437), (41.8781, 87.6298)]
```

```
1  # http://tinyurl.com/ht7gpsd
2
3
4  eights = ["Edgar Allan Poe",
5            "Charles Dickens"]
6
7
8  nines = ["Hemingway",
9           "Fitzgerald",
10         "Orwell"]
11
12
13 authors = (eights, nines)
14 print(authors)
```

```
>> (['Edgar Allan Poe', 'Charles Dickens'], ['Hemingway', 'Fitzgerald', 'Orwell'])
```

```
1  # http://tinyurl.com/h8ck5er
2
3
4  bday = {"Hemingway":
5          "7.21.1899",
6          "Fitzgerald":
7          "9.24.1896"}
8
9
10 my_list = [bday]
11 print(my_list)
12 my_tuple = (bday,)
13 print(my_tuple)
```

```
>> [{'Hemingway': '7.21.1899', 'Fitzgerald': '9.24.1896'}]
>> ({'Hemingway': '7.21.1899', 'Fitzgerald': '9.24.1896'},)
```

列表、字典或元组都可以成为字典中的值：

```
1  # http://tinyurl.com/zqupwx4
2
3
4  ny = {"locations":
5        (40.7128,
6         74.0059),
7
8
9        "celebs":
10       ["W. Allen",
11        "Jay Z",
12        "K. Bacon"],
13
14        "facts":
15        {"state":
16         "NY",
17         "country":
18         "America"}
19 }
```

本例中，字典 ny 有 3 个键："locations"、"celebs"和"facts"。第一个键的值是一个元组，因为地理坐标永远不会变。第二个键的值是生活在纽约的名人列表，因为可能会变化所以使用列表。第三个键的值是一个字典，因为键值对是表示纽约有关联事实的最好方式。

5.6　术语表

方法：与指定数据类型紧密相关的函数。

列表：存储有序对象的一种容器。

可迭代的：如果可使用循环访问对象中的每一个元素，则该对象是可迭代的。

可迭代对象：可迭代的对象，如字符串、列表和元组。

索引：代表元素在可迭代对象中位置的数字。

可变的：容器中的内容可以发生变化。

不可变的：容器中的内容不能改变。

字典：存储对象的一种内置容器，将一个称为键的对象，映射至一个称为值的对象。

键：用来查找字典中对应的值。

值：字典中映射至键的值。

映射：将一个对象链接至另一个对象。

键值对：字典中键映射至值。

5.7　挑战练习

1．创建一个你最喜欢歌手的列表。

2．创建一个由元组构成的列表，每个元组包含居住过或旅游过的城市的经纬度。

3．创建一个包含你的不同属性的字典：身高、最喜欢的颜色和最喜欢的作者等。

4．编写一个程序，让用户询问你的身高、最喜欢的颜色或最喜欢的作者，并返回上一个挑战中创建的字典。

5．创建一个字典，将最喜欢的歌手映射至你最喜欢的歌曲。

6．列表、元组和容器只是 Python 中内置容器的一部分。自行研究 Python 中的集合（也是一种容器）在什么情况下可以使用集合？

挑战练习源代码可从异步社区（www.epubit.com）本书详情页的配套资源中下载。

第 6 章

字符串操作

“理论上，理论和实践没有区别。但实践上，是有区别的。”

——简·范德斯奈普特（Jan L. A. van de Snepscheut）

Python 自带操作字符串的功能，例如在指定位置将字符串分割为两部分，或者改变字符串的大小写。举个例子，假设有一个所有字符都是大写的字符串，现在希望将其全部改为小写，这通过 Python 可以轻松实现。在本章中，读者将学习更多有关字符串的知识，并掌握 Python 中操作字符串最有效的工具。

6.1 三引号字符串

如果字符串跨越一行以上，可以使用三引号：

```
1 # http://tinyurl.com/h59ygda
2
3
4 """ 第一行
5     第二行
6     第三行
7 """
```

如果使用单引号或双引号定义一个跨行的字符串，Python 会报告语法错误。

6.2 索引

与列表和元组一样，字符串也是可迭代的。可使用索引查找字符串中的每个字符。与其他可迭代对象一样，字符串中第一个字符所在的索引为 0，其后每个索引递增 1。

```
1 # http://tinyurl.com/zqqc2jw
2
3
4 author = "Kafka"
5 author[0]
6 author[1]
7 author[2]
8 author[3]
9 author[4]
```

```
>> 'K'
>> 'a'
>> 'f'
>> 'k'
>> 'a'
```

上述示例中，可使用索引 0、1、2、3、4 来查找字符串`"Kafka"`中的每个字符。如果查找的字符串索引大于最后一个索引的值，Python 会报告异常错误：

```
1 # http://tinyurl.com/zk52tef
2
3
4 author = "Kafka"
5 author[5]
```

```
>> IndexError: string index out of range
```

Python 还支持使用**负索引**（negative index）查找列表中的元素：可用来从右向左查找可迭代对象中元素的索引（必须是一个负数）。使用索引`-1` 可以查找可迭代对象中的最后一个元素，示例如下：

```
1 # http://tinyurl.com/hyju2t5
2
3
4 author = "Kafka"
5 author[-1]
```

```
>> a
```

负索引`-2` 查找的是倒数第二个元素，负索引`-3` 查找的是倒数第三个元素，以此类推。

```
1 # http://tinyurl.com/jtpx7sr
2
3
```

```
4 | author = "Kafka"
5 | author[-2]
6 | author[-3]
```

```
>> k
>> f
```

6.3 字符串是不可变的

字符串和元组一样都是不可变的，无法修改字符串中的字符。如果想要修改，就必须创建一个新的字符串：

```
1 | # http://tinyurl.com/hsr83lv
2 |
3 |
4 | ff = "F.Fitzgerald"
5 | ff = "F. Scott Fitzgerald"
6 | ff
```

```
>> 'F. Scott Fitzgerald'
```

Python 提供了多个从已有字符串中创建新字符串的方法，本章将逐一介绍。

6.4 字符串拼接

可使用加法操作符，将两个或多个字符串组合在一起，结果就是由第一个字符串中的字符和其他字符串中的字符共同构成的一个新字符串。将字符串组合的做法，被称为字符串拼接。示例如下：

```
1 | # http://tinyurl.com/h4z5mlg
2 |
3 |
4 | "cat" + "in" + "hat"
```

```
>> 'catinhat'
```

```
1 | # http://tinyurl.com/gsrajle
2 |
3 |
4 | "cat" + " in" + " the" + " hat"
```

```
>> 'cat in the hat'
```

6.5 字符串乘法

可使用乘法操作符，将字符串与数字相乘。示例如下：

```
1 # http://tinyurl.com/zvm9gng
2
3
4 "Sawyer" * 3
```

```
>> SawyerSawyerSawyer
```

6.6 改变大小写

可使用字符串的 upper 方法，将字符串中的每个字符改为大写。示例如下：

```
1 # http://tinyurl.com/hhancz6
2
3
4 "We hold these truths...".upper()
```

```
>> 'WE HOLD THESE TRUTHS...'
```

类似地，可使用字符串的 lower 方法将字符串中的每个字符改为小写。示例如下：

```
1 # http://tinyurl.com/zkz48u5
2
3
4 "SO IT GOES.".lower()
```

```
>> 'so it goes.'
```

还可使用字符串的 capitalize 方法，将字符串的首字母改为大写。示例如下：

```
1 # http://tinyurl.com/jp5hexn
2
3
4 "four score and...".capitalize()
```

```
>> 'Four score and...'
```

6.7 格式化

可使用 format 方法创建新字符串，该方法会把字符串中的“{}”替换为传入的字符串：

```
1  # http://tinyurl.com/juvguy8
2
3
4  "William {}".format("Faulkner")
```

```
>> 'William Faulkner'
```

也可以把变量作为参数传递：

```
1  # http://tinyurl.com/zcpt9se
2
3
4  last = "Faulkner"
5  "William {}".format(last)
```

```
>> 'William Faulkner'
```

花括号可重复使用：

```
1  # http://tinyurl.com/z6t6d8n
2
3
4  author = "William Faulkner"
5  year_born = "1897"
6
7
8  "{} was born in {}.".format(author, year_born)
```

```
>> 'William Faulkner was born in 1897.'
```

如果要根据用户输入来创建字符串，format 方法很有用。示例如下：

```
1   # http://tinyurl.com/gnrdsj9
2
3
4   n1 = input("Enter a noun:")
5   v = input("Enter a verb:")
6   adj = input("Enter an adj:")
7   n2 = input("Enter a noun:")
8
9
10  r = """The {} {} the {} {}
11      """.format(n1,
12                 v,
13                 adj,
```

```
14|                  n2)
15| print(r)
```

```
>> Enter a noun:
```

程序让用户输入两个名词、一个动词和一个形容词，然后通过 format 方法将这些输入创建为一个字符串并打印出来。

6.8　分割

字符串有一个叫 split 的方法，可用来将字符串分割为两个或多个字符串。需要传入一个字符串作为 split 方法的参数，并用其将原字符串分割为多个字符串。例如，可以传入句号作为 split 方法的参数，将字符串"I jumped over the puddle. It was 12 feet!"分割成两个不同的字符串。示例如下：

```
1| # http://tinyurl.com/he8u28o
2|
3|
4| "I jumped over the puddle. It was 12 feet!".split(".")
```

```
>> ["I jumped over the puddle", "It was 12 feet!"]
```

结果是一个含有两个元素的列表：分别是句号前的所有字符组成的字符串，以及句号后所有字符组成的字符串。

6.9　连接

join 方法可以在字符串的每个字符间添加新字符：

```
1| # http://tinyurl.com/h2pjkso
2|
3|
4| first_three = "abc"
5| result = "+".join(first_three)
6| result
```

```
>> 'a+b+c'
```

也可以在空字符串上调用 join 方法，传入一个字符串列表作为参数，从而将这些字符串连接为一个单一字符串：

```
 1  # http://tinyurl.com/z49e3up
 2
 3
 4  words = ["The",
 5           "fox",
 6           "jumped",
 7           "over",
 8           "the",
 9           "fence",
10           "."]
11  one = "".join(words)
12  one
```

```
>> Thefoxjumpedoverthefence.
```

还可以在包含空格符的字符串上，调用 `join` 方法，创建一个所有单词均由空格符分隔的字符串：

```
 1  # http://tinyurl.com/h4qq5oy
 2
 3
 4  words = ["The",
 5           "fox",
 6           "jumped",
 7           "over",
 8           "the",
 9           "fence",
10           "."]
11  one = " ".join(words)
12  one
```

```
>> The fox jumped over the fence .
```

6.10　去除空格

可使用 `strip` 方法去除字符串开头和末尾的空白字符：

```
1  # http://tinyurl.com/jfndhgx
2
3
4  s = "   The        "
5  s = s.strip()
6  s
```

```
>> 'The'
```

6.11 替换

在 replace 方法中，第一个参数是要被替换的字符串，第二个参数是用来替换的字符串。可使用第二个字符串替换原字符串中所有与第一个字符串一样的内容。示例如下：

```
1 # http://tinyurl.com/zha4uwo
2
3
4 equ = "All animals are equal."
5 equ = equ.replace("a", "@")
6 print(equ)
```

```
>> All @nim@ls @re equ@l.
```

6.12 查找索引

可使用 index 方法，获得字符串中某个字符第一次出现的索引。将希望查找的字符作为参数传入，index 方法可以返回该字符在字符串中第一次出现的索引：

```
1 # http://tinyurl.com/hzc6asc
2
3
4 "animals".index("m")
```

```
>> 3
```

如果 index 方法没有找到匹配的结果，Python 会报告异常错误。如下所示：

```
1 # http://tinyurl.com/jmtc984
2
3
4 "animals".index("z")
```

```
>> ValueError: substring not found
```

如果不确定是否有匹配的结果，可使用如下异常处理的方法：

```
1 # http://tinyurl.com/zl6q4fd
2
3
```

```
4 | try:
5 |     "animals".index("z")
6 | except:
7 |     print("Not found.")
```

```
>> Not found.
```

6.13 in 关键字

关键字 in 可检查某个字符串是否在另一个字符串中，返回结果为 True 或 False：

```
1 | # http://tinyurl.com/hsnygwz
2 |
3 |
4 | "Cat" in "Cat in the hat."
```

```
>> True
```

```
1 | # http://tinyurl.com/z9b3e97
2 |
3 |
4 | "Bat" in "Cat in the hat."
```

```
>> False
```

在 in 前面加上关键字 not，即可检查某个字符串是否不在另一个字符串中：

```
1 | # http://tinyurl.com/jz8sygd
2 |
3 | "Potter" not in "Harry"
```

```
>> True
```

6.14 字符串转义

如果在字符串中使用了双引号，则会出现如下语法错误：

```
1 | # http://tinyurl.com/zj6hc4r
2 |
3 |
4 | # 该段代码无法执行。
5 |
6 |
7 | "She said "Surely.""
```

```
>> SyntaxError: invalid syntax
```

在双引号前加上反斜杠，即可解决这个错误：

```
1 # http://tinyurl.com/jdsrr7e
2
3
4 "She said \"Surely.\""
```

```
>> 'She said "Surely."'
```

```
1 # http://tinyurl.com/zr7o7d7
2
3
4 'She said \"Surely.\"'
```

```
>> 'She said "Surely."'
```

字符串**转义**（escaping），指的是在 Python 中有特殊意义的字符（上例中为双引号）前加上一个符号，告诉 Python 在本例中该符号代表的是一个字符，而没有特殊意义。在 Python 中用反斜杠进行转义。

如果在字符串中使用单引号，而非双引号，则不需要进行转义：

```
1 # http://tinyurl.com/hoef63o
2
3
4 "She said 'Surely'"
```

```
>> "She said 'Surely'"
```

还可以在单引号中使用双引号，这比对双引号进行转义更加简单：

```
1 # http://tinyurl.com/zkgfawo
2
3
4 'She said "Surely."'
```

```
>> 'She said "Surely."'
```

6.15　换行符

在字符串中加入\n 来表示换行：

```
1 # http://tinyurl.com/zyrhaeg
2
3
4 print("line1\nline2\nline3")
```

```
>> line1
>> line2
>> line3
```

6.16 切片

切片（slicing）可将一个可迭代对象中元素的子集，创建为一个新的可迭代对象。切片的语法是[可迭代对象][[起始索引:结束索引]]。**起始索引**（start index）是开始切片的索引，**结束索引**（end index）是结束索引的位置。

进行列表切片的示例如下：

```
1 # http://tinyurl.com/h2rqj2a
2
3
4 fict = ["Tolstoy",
5         "Camus",
6         "Orwell",
7         "Huxley",
8         "Austin"]
9 fict[0:3]
```

```
>> ['Tolstoy', 'Camus', 'Orwell']
```

切片时包含起始索引位置的元素，但不包括结束索引位置的元素。因此，如果要从"Tolstoy"（索引为 0）切片到"Orwell"（索引为 2），则需从索引 0 到索引 3 进行切片。

字符串切片的示例如下：

```
1 # http://tinyurl.com/hug9euj
2
3
4 ivan = """In place of death there was light."""
5
6
7 ivan[0:17]
8 ivan[17:33]
```

```
>> 'In place of death'
```

```
>> ' there was light'
```

如果起始索引是 0，那么可以将起始索引的位置留空：

```
1 # http://tinyurl.com/judcpx4
2
3
4 ivan = """In place of death there was light."""
5
6
7 ivan[:17]
```

```
>> 'In place of death'
```

如果结束索引是可迭代对象中最后一个元素的索引，那么可以将结束索引的位置留空：

```
1 # http://tinyurl.com/zqoscn4
2
3
4 ivan = """In place of death there was light."""
5
6
7 ivan[17:]
```

```
>> ' there was light.'
```

起始索引和结束索引均留空，则会返回原可迭代对象：

```
1 # http://tinyurl.com/zqvuqoc
2
3
4 ivan = """In place of death there was light."""
5
6
7 ivan[:]
```

```
>> "In place of death there was light."
```

6.17　术语表

负索引：可用来从右向左查找可迭代对象中元素的索引（必须是一个负数）。

转义：在 Python 中具有特殊意义的字符（如双引号）前加上一个符号，告诉 Python 在本例中该字符代表的只是一个字符，没有特殊意义。

切片：将一个可迭代对象中元素的子集，创建为一个新的可迭代对象。

起始索引：开始切片的索引。

结束索引：结束切片的索引。

6.18　挑战练习

1. 打印字符串"Camus"中的所有字符。

2. 编写程序，从用户处获取两个字符串，将其插入字符串"Yesterday I wrote a [用户输入 1]. I sent it to [用户输入 2]!"中，并打印新字符串。

3. 想办法将字符串"aldous Huxley was born in 1894."的第一个字符大写，从而使语法正确。

4. 对字符串"Where now? Who now? When now?"调用一个方法，返回如下述的列表['Where now', 'Who now', 'When now',"]。

5. 对列表["The", "fox", "jumped", "over", "the", "fence", "."]进行处理，将其变成一个语法正确的字符串。每个单词间以空格符分隔，但是单词 fence 和句号之间不能有空格符。（别忘了，我们之前已经学过将字符串列表连接为单个字符串的方法。）

6. 将字符串"A screaming comes across the sky."中所有的"s"字符替换为美元符号。

7. 找到字符串"Hemingway"中字符"m"所在的第一个索引。

8. 在你最喜欢的书中找一段对话，将其变成一个字符串。

9. 先后使用字符串拼接和字符串乘法，创建字符串"three three three"。

10. 对字符串"It was bright cold day in April, and the clocks were striking thirteen."进行切片，只保留逗号之前的字符。

挑战练习源代码可从异步社区（www.epubit.com）本书详情页的配套资源中下载。

第7章

循环

“百分之八十的成功只是出席。”

——伍迪 · 艾伦（Woody Allen）

之前书中介绍的第二个程序打印 Hello, World!100 次，就是使用**循环**（loop）实现的。循环的意义是直到代码中定义的条件满足时才停止执行的代码块。本章将学习循环及其使用方法。

7.1 for 循环

本节将介绍如何使用 **for 循环**：一种用来遍历可迭代对象的循环。这个过程被称为**遍历**（iterating）。我们可使用 for 循环来定义可迭代对象中每个元素都要执行一次的指令，然后在指令中对每个元素进行访问和操作。例如，可使用 for 循环遍历一个字符串列表，并使用 upper 方法打印每个字符大写后的字符串。

可使用语法"for [变量名] in [可迭代对象名]: [指令]"定义 for 循环，其中[变量名]是计划赋给可迭代对象中每个元素值的变量名称，[指令]是每次循环要执行的代码。下面是一个遍历字符串中每个字符的 for 循环：

```
1  # http://tinyurl.com/jya6kpm
2
3
4  name = "Ted"
5  for character in name:
6      print(character)
```

```
>> T
>> e
>> d
```

每一次循环，变量 character 都会被赋给可迭代对象 name 中的一个元素。第一次循环时打印的结果是 T，因为变量 character 被赋予了可迭代对象 name 中第一个元素的值；以此类推，第二次打印的结果就是 e，直到可迭代对象中的每个元素都遍历完。

下面是使用 for 循环遍历列表元素的示例：

```
1  # http://tinyurl.com/zeftpq8
2
3
4  shows = ["GOT",
5           "Narcos",
6           "Vice"]
7  for show in shows:
8      print(show)
```

```
>> GOT
>> Narcos
>> Vice
```

下面是 for 循环遍历元组中元素的示例：

```
1  # http://tinyurl.com/gpr5a6e
2
3
4  coms = ("A. Development",
5          "Friends",
6          "Always Sunny")
7  for show in coms:
8      print(show)
```

```
>> A. Development
>> Friends
>> Always Sunny
```

下面是 for 循环遍历字典元素的示例：

```
1  # http://tinyurl.com/jk7do9b
2
3
4  people = {"G. Bluth II":
5            "A. Development",
6            "Barney":
7            "HIMYM",
8            "Dennis":
```

```
 9            "Always Sunny"
10            }
11
12
13  for character in people:
14      print(character)
```

```
>> G. Bluth II
>> Barney
>> Dennis
```

也可以使用 for 循环修改可变且可迭代对象中的元素，示例如下：

```
 1  # http://tinyurl.com/j8wvp8c
 2
 3
 4  tv = ["GOT",
 5        "Narcos",
 6        "Vice"]
 7  i = 0
 8  for show in tv:
 9      tv[i] = show.upper()
10      i += 1
11  print(tv)
```

```
>> ['GOT', 'NARCOS', 'VICE']
```

上例中使用 for 循环遍历了列表 `tv`，并通过一个**索引变量**（index variable）跟踪列表内当前的元素。索引变量是代表可迭代对象中索引的一个整数，起始值为 0，每循环一次索引变量的值递增一个。可以对 `show` 调用 `upper` 方法，再用索引变量替换列表中的当前元素。最后，将 `i` 的值递增，确保在下一次循环时可以获得下一个元素。

由于访问可迭代对象中索引和元素是很常见的操作，Python 提供了一个专门的语法：

```
1  # http://tinyurl.com/z45g63j
2
3
4  tv = ["GOT", "Narcos",
5        "Vice"]
6  for i, show in enumerate(tv):
```

```
 7 |     new = tv[i]
 8 |     new = new.upper()
 9 |     tv[i] = new
10 |
11 |
12 | print(tv)
```

```
>> ['GOT', 'NARCOS', 'VICE']
```

上例中没有遍历 `tv` 列表，而是将其调给了 `enumerate` 函数去遍历该函数返回的结果。`enumerate` 函数会返回一个对应当前元素索引的值，可保存在变量 `i` 中。

还可以使用 for 循环在可变可迭代对象之间传递数据。例如，使用两个 for 循环获取两个不同列表中的所有字符串，然后将每个字符大写，并放入一个新的列表中：

```
 1 | # http://tinyurl.com/zcvgklh
 2 |
 3 |
 4 | tv = ["GOT", "Narcos",
 5 |       "Vice"]
 6 | coms = ["Arrested Development",
 7 |         "friends",
 8 |         "Always Sunny"]
 9 | all_shows = []
10 |
11 |
12 | for show in tv:
13 |     show = show.upper()
14 |     all_shows.append(show)
15 |
16 |
17 | for show in coms:
18 |     show = show.upper()
19 |     all_shows.append(show)
20 |
21 |
22 | print(all_shows)
```

```
>> ['GOT', 'NARCOS', 'VICE', 'ARRESTED DEVELOPMENT', 'FRIENDS', 'ALWAYS SUNNY']
```

上例中有 3 个列表：`tv`、`coms` 和 `all_shows`。在第一个循环中，遍历了列表 `tv` 中的所有元素，使用 `upper` 方法将其中每个元素都大写，然后再通过 `append` 方法添加每个元素至 `all_shows`。在第二个循环中，对列表 `coms` 做同样的操作。打印 `all_shows` 时，列表会包含另外两个列表中所有的元素，并且每个元素都是大写的。

7.2 range 函数

可使用内置的 range 函数创建一个整数序列，然后通过 for 循环遍历。range 函数接受两个参数：序列起始数字和结束数字，返回的整数序列包含从第一个参数到第二个参数之间（不含第二个参数）的所有整数。使用 range 函数创建数字序列并遍历的示例如下：

```
1 | # http://tinyurl.com/hh5t8rw
2 |
3 |
4 | for i in range(1, 11):
5 |     print(i)
```

```
>> 1
…
>> 9
>> 10
```

上例中使用 for 循环打印了 range 函数返回的可迭代对象中的所有数字。程序员通常将用来遍历整数列表的变量命名为 i。

7.3 while 循环

下面介绍如何使用 while **循环**：它是一种只要表达式的值为 True 就一直执行代码的循环。while 循环的语法是“while [表达式]: [执行代码]”，其中“[表达式]”是决定循环是否继续进行的表达式，“[执行代码]”则是只要循环继续就执行的代码。示例如下：

```
1 | # http://tinyurl.com/j2gwlcy
2 |
3 |
4 | x = 10
5 | while x > 0:
6 |     print('{}'.format(x))
7 |     x -= 1
8 | print("Happy New Year!")
```

```
>> 10
>> 9
>> 8
>> 7
```

```
>> 6
>> 5
>> 4
>> 3
>> 2
>> 1
>> Happy New Year!
```

只要 while 循环的代码头中定义的表达式“x > 0”求值为 True，循环主体中定义的代码将一直执行下去。第一次循环时，x 的值为 10，表达式 x > 0 的值为 True，因此 while 循环打印 x 的值，并将它的值递减 1，这时 x 的值变成了 9。下一次循环时，还会打印 x 的值，并递减为 8。这个过程一直持续到 x 的值递减为 0，这时 x > 0 的求值为 False，循环结束。Python 将执行循环后面的下一行代码，打印 Happy New Year!。

如果你定义的 while 循环的表达式求值永远为 True，循环将不会停止执行。一个不会停止执行的循环也被称为**死循环**（infinite loop）。下面就是一个死循环的示例（准备好按 Ctrl+c 强制终止死循环）：

```
1 # http://tinyurl.com/hcwvfk8
2
3
4 while True:
5     print("Hello, World!")
```

```
>> Hello, World!
…
```

因为只要代码头中定义的表达式求值为 True，True 的值永远为 True，所以该循环将一直执行下去。

7.4 break 语句

可使用 break **语句**（带关键字 break 的语句）来终止循环。下面这个循环示例会执行 100 次：

```
1 # http://tinyurl.com/zrdh88c
2
3
4 for i in range(0, 100):
5     print(i)
```

```
>> 0
```

```
>> 1
…
```

如果添加一个 break 语句，那么循环只会执行一次：

```
1  # http://tinyurl.com/zhxf3uk
2
3
4  for i in range(0, 100):
5      print(i)
6      break
```

```
>> 0
```

只要 Python 遇到 break 语句，循环就会终止。我们可以使用 while 循环和 `break` 关键字编写一个程序，不断地请求用户提供输入，如果输入 q 则退出。示例如下：

```
1   # http://tinyurl.com/jmak8tr
2
3
4   qs = ["What is your name?",
5         "What is your fav. color?",
6         "What is your quest?"]
7   n = 0
8   while True:
9       print("Type q to quit")
10      a  = input(qs[n])
11      if a == "q":
12          break
13      n = (n + 1) % 3
```

```
Type q to quit
What is your name?
```

每次循环，程序都会向用户询问一个 `qs` 列表中的问题。

其中，`n` 是索引变量。每次循环都会将表达式 `(n + 1) % 3` 的值赋给 `n`，这可以让程序循环调用 `qs` 列表中的问题。第一次循环的结果是 `n` 的值为 0。第二次时，`n` 被赋予了 `(0 + 1) % 3` 的结果，即 1。接下来，被赋予 `(1 + 1) % 3` 的结果，即 2。因为只要求模表达式中的第一个数字比第二个小，结果就是第一个数字。最后，`n` 被赋予 `(2 + 1) % 3` 的值，又重新变成了 0。

7.5　continue 语句

可使用 continue **语句**（带关键字 continue 的语句）来终止循环的当前迭代，并进入下一次迭代。假设你想打印从 1 到 5 之间除了 3 以外的所有数字，可通过 for 循环和 continue 语句实现。示例如下：

```
1 # http://tinyurl.com/hflun4p
2
3
4 for i in range(1, 6):
5     if i == 3:
6         continue
7     print(i)
```

```
>> 1
>> 2
>> 4
>> 5
```

在上述循环中，当 i 的值等于 3 时，程序执行 continue 语句，但不会像 break 关键字那样让循环完全终止，而是会继续进行下一次迭代，跳过本应该执行的其他代码。当 i 等于 3 时，Python 会执行 continue 语句，而不是打印 3。

通过 while 循环和 continue 语句也可以实现相同的结果。示例如下：

```
1  # http://tinyurl.com/gp7forl
2
3
4  i = 1
5  while i <= 5 :
6      if i == 3:
7          i += 1
8          continue
9      print(i)
10     i += 1
```

```
>> 1
>> 2
>> 4
>> 5
```

7.6　嵌套循环

可以通过多种方式对循环进行组合。例如，可以在一个循环里加入另一个循环，甚至在加入的循环里再加一个循环。循环中可嵌套的循环数量没有限制，但是最好要控制数量不要过多。当一个循环位于另一个循环之内时，它就是嵌套在第一个循环中。这种情况下，内部包含一个循环的循环称为**外循环**（outer loop），嵌套的循环称为**内循环**（inner loop）。当存在嵌套循环时，外循环每遍历一次，内循环就遍历一次其可迭代对象中的所有元素。示例如下：

```
1  # http://tinyurl.com/gqjxjtq
2
3
4  for i in range(1, 3):
5      print(i)
6      for letter in ["a", "b", "c"]:
7          print(letter)
```

```
>> 1
>> a
>> b
>> c
>> 2
>> a
>> b
>> c
```

不管外循环运行多少次，嵌套的 for 循环都会遍历完列表`["a", "b", "c"]`。如果将外循环改为运行 3 次，内循环也会遍历列表 3 次。

可使用两个 for 循环将一个列表中的所有数字，与另一个列表中的所有数字相加。示例如下：

```
1  # http://tinyurl.com/z7duawp
2
3
4  list1 = [1, 2, 3, 4]
5  list2 = [5, 6, 7, 8]
6  added = []
7  for i in list1:
8      for j in list2:
9          added.append(i + j)
10
```

```
11
12  print(added)
```

```
>> [6, 7, 8, 9, 7, 8, 9, 10, 8, 9, 10, 11, 9, 10, 11, 12]
```

对于第一个循环遍历列表 `list1` 中的每个整数，第二个循环遍历自身可迭代对象中的每个整数，并将其与 `list1` 中的数字相加，然后将结果添加至列表 `added`。这里将第二个 for 循环中的索引变量命名为 `j`，因为第一个循环中已使用了 `i`。

还可以在 while 循环中嵌套 for 循环，反之亦可。示例如下：

```
1  # http://tinyurl.com/hnprmmv
2
3
4  while input('y or n?') != 'n':
5      for i in range(1, 6):
6          print(i)
```

```
>> y or n?y
1
2
3
4
5
y or n?y
1
2
3
4
5
y or n?n
>>
```

程序在用户输入 n 之前，将会不断地打印数字 1 至 5。

7.7　术语表

循环：在代码中定义的条件未满足之前，将持续执行的一段代码。

遍历：使用循环访问可迭代对象中的每个元素。

for 循环：用来迭代字符串、列表、元组或字典等可迭代对象的一种循环。

索引变量：变量的值为代表可迭代对象中索引的一个数字。

while 循环：只要表达式的值为 `True` 则持续执行的一种循环。

死循环：永远都不会终止的循环。

break 语句：带关键字 `break` 的语句，用来终止循环。

continue 语句：带关键字 `continue` 的语句，用来终止循环的当前迭代，并进入到下一次迭代。

外循环：内部包含嵌套循环的循环。

内循环：嵌套在另一个循环中的循环。

7.8 挑战练习

1. 打印以下列表`["The Walking Dead", "Entourage", "The Sopranos", "The Vampire Diaries"]`中的每个元素。

2. 打印从 25 到 50 之间的所有数字。

3. 打印第一个挑战练习中的每个元素及其索引。

4. 编写一个包含死循环和数字列表的程序（可选择输入 q 退出）。每次循环时，请用户猜一个在列表中的数字，然后告知其猜测是否正确。

5. 将列表`[8, 19, 148, 4]`中的所有数字，与列表`[9, 1, 33, 83]`中的所有数字相乘，并将结果添加到第 3 个列表中。

挑战练习源代码可从异步社区（www.epubit.com）本书详情页的配套资源中下载。

第 8 章

模块

“坚韧与志气在任何时代都会带来奇迹。”

——乔治·华盛顿（George Washington）

假设你写了一个有 10 000 行代码的程序。如果把全部代码写在一个文件里，查询起来将会非常困难。每次出现错误或异常时，不得不快速浏览 10 000 行代码来查找导致问题的那行。为解决这个问题，程序员将大型程序分割成多个包含 Python 代码的文件，也被称为**模块**（module）。Python 支持在一个模块中使用另一个模块内的代码。Python 还有**内置模块**（builtin module），它是 Python 语言自带的，包含了许多重要的功能。本章将学习模块及其使用方式。

8.1 导入内置模块

使用模块之前，必须先**导入**（import）：意味着要写代码，以便让 Python 知道从哪获取模块。可使用语法 `import [模块名]`导入模块，将`[模块名]`替换为希望导入模块的名字。导入模块之后，即可使用其中的变量和函数。

Python 有许多不同的模块，包括拥有数学相关功能的 `math` 模块。可在网页 https://docs.python.org/3/py-modindex.html 查看所有 Python 的内置模块。导入 `math` 模块的示例如下：

```
1 # http://tinyurl.com/h3ds93u
2
3
4 import math
```

导入模块之后，可通过语法`[模块名].[代码]`使用其中的代码，将`[模块名]`替换为已导入模块的名称，`[代码]`替换为希望使用的函数或变量的名称。下面是导入 `math` 模块并使用其中 pow 函数的示例，该函数接受两个参数 x 和 y，并求 x 的 y 次方：

```
1  # http://tinyurl.com/hyjo59s
2
3
4  import math
5
6
7  math.pow(2, 3)
```

```
>> 8.0
```

首先，在文件顶部导入 math 模块。这里应该在文件顶部导入了所有模块，以便明确程序都使用了哪些模块。接下来，通过 math.pow(2, 3) 调用 pow 函数，返回结果为 8.0。

random 是另一个内置模块。可使用其中一个叫 randint 的函数生成一个随机整数：传入两个整数，函数返回两者之间的一个随机整数。

```
1  # http://tinyurl.com/hr3fppn
2
3
4  # 你运行的时候输出结果可能不是 52
5  # 因为是随机生成的！
6
7
8  import random
9
10
11 random.randint(0, 100)
```

```
>> 52
```

可使用内置模块 statistics 计算由数字组成的可迭代对象的均值、中间值和众数（mode）。示例如下：

```
1  # http://tinyurl.com/jrnznoy
2
3
4  import statistics
5
6  # 均值
7  nums = [1, 5, 33, 12, 46, 33, 2]
8  statistics.mean(nums)
9
10
```

```
11 # 中值
12 statistics.median(nums)
13
14
15 # 众数
16 statistics.mode(nums)
```

```
>> 18.857142857142858
>> 12
>> 33
```

可使用内置模块 keyword 检查字符串是不是 Python 关键字。示例如下：

```
1 # http://tinyurl.com/zjphfho
2
3
4 import keyword
5
6
7 keyword.iskeyword("for")
8 keyword.iskeyword("football")
```

```
>> True
>> False
```

8.2　导入其他模块

本节中，我们将创建一个模块，然后在另一个模块中导入该模块并使用其中的代码。首先，在计算机上创建一个名为 tstp 的新文件夹。在文件夹中，新建一个名为 hello.py 的文件。将如下代码添加到 hello.py 并保存文件：

```
1 # http://tinyurl.com/z5v9hk3
2
3
4 def print_hello():
5     print("Hello")
```

在 tstp 文件夹中，再新建一个名为 project.py 的文件。将如下代码添加到 project.py 中并保存文件：

```
1 # http://tinyurl.com/j4xv728
2
3
4 import hello
```

```
5
6
7 hello.print_hello()
```

```
>> Hello
```

本例使用 import 关键字导入第一个示例中的代码。

导入模块时，其中的代码都会被执行。创建一个名为 module1.py 的模块，代码如下：

```
1 # http://tinyurl.com/zgyddhp
2
3
4 # 模块 1 中的代码
5 print("Hello!")
```

```
>> Hello!
```

在名为 module2.py 的另一个模块中导入 module1.py 时，其中的代码将会被执行：

```
1 # http://tinyurl.com/jamt9dy
2
3
4 # 模块 2 中的代码
5 import module1
```

```
>> Hello!
```

这个行为有时候会导致不便。比如你的模块中可能有测试代码，不希望在导入时执行。那么将模块中所有的代码放置在 if __name__ == "__main__"语句中，即可解决该问题。例如，可以将上例中的 module1.py 的代码改成如下示例：

```
1 # http://tinyurl.com/j2xdzc7
2
3
4 # 模块 1 中的代码
5 if __name__ == "__main__":
6     print("Hello!")
```

```
>> Hello!
```

运行该程序时，输出总是不变的。但是在 module2.py 中导入该模块时，module1.py 中的代码不会运行，不会打印 Hello!。示例如下：

```
1 # http://tinyurl.com/jjccxds
2
```

```
3
4 # 模块 2 中的代码
5 import hello
```

8.3　术语表

模块：含有代码的 Python 文件的别称。

内置模块：Python 语言中自带的模块，包含诸多重要的功能。

导入：编写代码，告诉 Python 从哪导入计划使用的模块。

8.4　挑战练习

1．调用 statistics 模块中不同于示例中提到的函数。

2．创建一个名为 cubed 的模块，在其中写一个函数：接受一个数字作为参数，返回该数字的立方。并在另一个模块中导入并调用该函数。

挑战练习源代码可从异步社区（www.epubit.com）本书详情页的配套资源中下载。

第 9 章

文件

“我坚信，自我教育是唯一的教育形式。”

——艾萨克·阿西莫夫（Isaac Asimov）

我们可以使用 Python 处理文件。例如，可使用 Python 读取或写文件数据。**读取**（reading）文件数据指的是访问文件中的数据。向文件中**写**（writing）数据指的是添加或修改文件中的数据。本章将学习文件处理的基础知识。

9.1 写文件操作

处理文件的第一步是使用 Python 内置的 open 函数打开文件。open 函数有两个参数：一个代表要打开文件路径的字符串，另一个代表打开文件的模式。

文件路径（file path），指的是文件在计算机中所处的位置。例如，/Users/bob/st.txt 是文件 st.txt 的文件路径。斜杠分隔的每个单词都是一个文件夹的名称。加在一起就代表了文件的位置。如果文件路径中只有文件的名字（没有斜杠分隔的文件夹），Python 将会在当前运行程序所在的目录中查找文件。操作时避免直接手写文件路径。类 UNIX 操作系统和 Windows 在文件路径中使用的斜杠数量不同。为了避免程序在不同操作系统中运行出错，应使用内置的 os 模块来创建文件路径。模块中的 path 函数接受文件路径中的文件夹名作为参数，并自动构建完整的文件路径。示例如下：

```
1  # http://tinyurl.com/hkqfkar
2
3
4  import os
5  os.path.join("Users",
6               "bob",
7               "st.txt")
```

```
>> 'Users/bob/st.txt'
```

使用 path 函数创建文件路径，可以确保其在任何操作系统中都可以正常运行。但是在处理文件路径时还是容易出现问题。如果碰到问题，访问以下链接来获取更多帮助：http://theselftaughtprogrammer.io/filepaths。

传入 open 函数的参数模式，决定了对打开的文件执行什么操作。以下是支持的文件打开模式。

- "r" 以只读模式打开文件。
- "w" 以只写模式打开文件。如果文件已存在，会覆盖文件。如果文件不存在，则会创建一个新文件。
- "w+" 以可读可写模式打开文件。如果文件已存在，会覆盖原文件。如果文件不存在，则创建一个新文件进行读写操作。

open 函数会返回一个叫**文件对象**（file object）的对象，可用来读/写文件。使用"w"模式时，如果没有现存文件，open 函数会在运行程序的目录中创建一个新文件。

然后，可使用文件对象的 write 方法写入文件，并通过 close 方法关闭文件。如果使用了 open 函数打开文件，就必须要通过 close 方法关闭。如果你使用 open 函数打开了多个文件但又忘记关闭，有可能会导致程序出错。下面是一个读、写、关闭文件的示例：

```
1 # http://tinyurl.com/zfgczj5
2
3
4 st = open("st.txt", "w")
5 st.write("Hi from Python!")
6 st.close()
```

上例使用 open 函数打开了文件，并将返回的文件对象保存在变量 st 中。然后调用 st 的 write 方法，接受一个字符串作为参数，再写入 Python 创建的新文件中。最后，调用文件对象的 close 方法关闭文件。

9.2　自动关闭文件

还有一种我们更推荐使用的文件打开方法，可以避免忘记关闭文件。如果使用该方法，要将所有需要访问的文件对象的代码写在 with **语句**之中：一种复合语句，Python 在执行完该语句时会自动执行下一个的行为。

使用 with 语句打开文件的语法是“with open([文件路径], [模式]) as [变量名]:[执行代码]”。[文件路径] 代表文件所在的位置，[模式] 代表以何种模式打开文件，[变量名]代表文件对象被赋予的变量名，[执行代码]则是需要访问文件对象变量的代码。

在使用上述语法打开文件时，会在[执行代码]运行完毕后自动关闭文件。下面是使用新语法读、写、关闭文件的示例：

```
1  # http://tinyurl.com/jt9guu2
2
3
4  with open("st.txt", "w") as f:
5      f.write("Hi from Python!")
```

只要还在 with 语句内，就可以访问文件对象。在本例中，文件对象被命名为 f。Python 执行完 with 语句中的代码后，会自动关闭文件。

9.3　读取文件

如果要读取文件，可传入"r"作为 open 函数的第二个参数。然后调用文件对象的 read 方法，会返回一个包含文件所有行的可迭代对象。示例如下：

```
1  # http://tinyurl.com/hmuamr7
2
3
4  # 确保在上例中已经
5  # 创建了文件
6
7
8
9  with open("st.txt", "r") as f:
10     print(f.read())
```

```
>> Hi from Python!
```

在没有关闭又重新打开文件的情况下，你只能调用文件对象的 read 方法一次。因此，如果后续程序需要，应该将文件内容保存在一个变量或容器中。下面是将上例中的文件内容保存在列表中的示例：

```
1  # http://tinyurl.com/hkzhxdz
2
3
```

```
 4 | my_list = list()
 5 |
 6 |
 7 | with open("st.txt", "r") as f:
 8 |     my_list.append(f.read())
 9 |
10 |
11 | print(my_list)
```

```
>> ['Hi from Python!']
```

之后就可以在程序中访问该数据了。

9.4　CSV 文件

Python 有一个内置模块支持处理 CSV **文件**（CSV file）。CSV 文件的后缀为`.csv`，它使用英文逗号来分隔数据（CSV 是逗号分隔值的英文简称）。需要管理如 Excel 等报表软件的程序员经常使用 CSV 文件。CSV 文件中用逗号分隔的每个数据代表报表中的一个单元格，每行代表一个报表行。**分隔符**（delimiter）是 CSV 文件中用来分隔数据的符号，如逗号或竖线“|”。下面是 CSV 文件`self-taught.csv`中的内容示例：

one,two,three four,five,six

如果在 Excel 中载入该文件，则会在第一行看到 one、two 和 three 各占一格，在第二行看到 four、five 和 six 各占一格。

也可使用 with 语句打开 CSV 文件，但是在语句中需要使用`csv`模块将文件对象转化成`csv`对象。`csv`模块有一个叫`writer`的方法，可接受一个文件对象和一个分隔符。`writer`方法返回一个带`writerow`方法的`csv`对象。`writerow`方法接受一个列表作为参数，可用来向 CSV 文件写入数据。列表中的每个元素都会被写入，并传入`writer`方法的分隔符来分隔。`writerow`方法只创建一行数据，因此要创建两行数据必须调用该方法两次。示例如下：

```
1 | # http://tinyurl.com/go9wepf
2 |
3 |
4 | import csv
5 |
6 |
7 | with open("st.csv", "w") as f:
8 |     w = csv.writer(f,
```

```
9                     delimiter=",")
10      w.writerow(["one",
11                  "two",
12                  "three"])
13      w.writerow(["four",
14                  "five",
15                  "six"])
```

该程序会创建一个叫 st.csv 的文件，在文本编辑器中打开该文件时，内容大致如下：

one,two,three

four,five,six

如果将文件载入 Excel（或 Google 表格）中，你不会看到逗号，而是在第一行看到 one、two 和 three 各占一格，在第二行看到 four、five 和 six 各占一格。

还可以使用 csv 模块读取文件的内容。在读取 CSV 文件的内容之前，首先传入"r"作为 open 函数的第二个参数，然后在 with 语句中调用 reader 方法，传入文件对象并以逗号作为分隔符，这会返回一个可迭代对象，可用来访问文件中的每行数据。示例如下：

```
1  # http://tinyurl.com/gvcdgxf
2
3
4  #确保已经在上例中创建了数据文件
5
6
7
8
9  import csv
10
11
12 with open("st.csv", "r") as f:
13     r = csv.reader(f, delimiter=",")
14     for row in r:
15         print(",".join(row))
```

```
>> one,two,three
>> four,five,six
```

本例中打开了 st.csv 文件以用于读取数据，并使用 reader 方法将文件对象转换为了 csv 对象。然后使用循环遍历 csv 对象。每次循环时，调用逗号字符串的 join 方法，在文件每行数据的中间添加逗号，并打印其在原文件中的样子（由逗号分隔）。

9.5 术语表

读取：访问文件的内容。

写：添加或修改文件中的数据。

文件路径：文件在计算机中存储的位置。

with 语句：一种复合语句，当 Python 退出语句时会自动执行的一个操作。

文件对象：可用来读写文件的对象。

CSV 文件：后缀为.csv 的文件，使用逗号分隔数据（CSV 表示逗号分隔的值）。常用在管理报表的程序中。

分隔符：用来分隔 CSV 文件中数据的符号，如逗号。

9.6 挑战练习

1. 在计算机上找一个文件，并使用 Python 打印其内容。

2. 编写一个程序来向用户提问，并将回答保存至文件。

3. 将以下列表中的元素写入一个 CSV 文件：[["Top Gun", "Risky Business", "Minority Report"], ["Titanic", "The Revenant", "Inception"], ["Training Day", "Man on Fire", "Flight"]]。每个列表应该在文件中各占一行，其中元素使用逗号分隔。

挑战练习源代码可从异步社区（www.epubit.com）本书详情页的配套资源中下载。

第10章

综合练习

“我所学到的一切，都是从书本上得来的。”

——亚伯拉罕·林肯（Abraham Lincoln）

本章将结合目前所学的知识，开发一个文本游戏——经典的 Hangman 猜词游戏。如果之前没玩过，可先了解游戏的大致规则。

1．玩家一挑选一个秘密单词，单词中有多少个字母，则划多少条横线（这里用下划线表示）。

2．玩家二每次猜一个字母。

3．如果玩家二猜测的字母正确，玩家一将下划线修改为正确的字母。在本书的游戏版本中，如果单词中有一个字母出现两次，玩家二也必须猜两次。如果玩家二猜测错误，玩家一则画出上吊的人的一部分身体（从头部开始），如图 10-1 所示。

图 10-1　游戏图案

4．如果玩家二在玩家一画完上吊的人之前猜对单词，玩家二胜利，反之失败。

在接下来要编写的程序中，计算机将扮演玩家一，用户将扮演玩家二。准备好玩游戏了吗？

10.1 Hangman

Hangman 游戏代码的第一部分如下：

```
1  # http://tinyurl.com/jhrvs94
2
3
4  def hangman(word):
5      wrong = 0
6      stages = ["",
7          "________        ",
8          "|               ",
9          "|        |      ",
10         "|        0      ",
11         "|       /|\     ",
12         "|       / \     ",
13         "|               "
14         ]
15     rletters = list(word)
16     board = ["__"] * len(word)
17     win = False
18     print("Welcome to Hangman")
```

首先，创建一个叫 hangman 的函数用于保存游戏。该函数接受一个叫 word 的变量作为参数，也就是玩家二要猜的单词。用另一个变量 wrong 记录玩家二猜错了多少个字母。

变量 stages 是一个列表，含有用来画上吊的人的字符串。Python 将 stages 列表中的每个字符串换行打印出来之后，就会组成一个上吊的人的图案。变量 rletters 也是一个列表，用来保存 word 变量中的每个字母，同时也用来记录还需要猜对的字母。

变量 board 也是一个字符串列表，用来记录显示给玩家二的提示，假如单词是 cat 则可能显示 c__t（玩家二已经猜对了 c 和 t）。这里用 ["__"]* len(word) 来填充 board 列表，变量 word 中的每个字母都用一个下划线表示。例如，如果单词是 cat，board 列表一开始的元素就是 ["__", "__", "__"]。

还需要一个叫 win 的变量，起始值为 False，用来记录玩家二是否赢了游戏。接下来，打印 Welcome to Hangman。

代码的第二部分则是一个维持游戏运行的循环，如下所示：

```
# http://tinyurl.com/ztrp5jc
while wrong < len(stages) - 1:
    print("\n")
    msg = "Guess a letter"
    char = input(msg)
    if char in rletters:
        cind = rletters.index(char)
        board[cind] = char
        rletters[cind] = '$'
    else:
        wrong += 1
    print((" ".join(board)))
    e = wrong + 1
    print("\n".join(stages[0:e]))
    if "__" not in board:
        print("You win!")
        print(" ".join(board))
        win = True
        break
```

只要变量 wrong 的值小于 len(stages) - 1，循环（和游戏）就会继续。变量 wrong 记录了玩家二猜错的次数，因此当玩家二猜错的次数大于画完上吊的人所需字符串的数量时（stages 列表中的字符串数量），游戏结束。我们将 stages 列表的长度减去 1，这是因为列表从 0 开始计数，而 wrong 变量则是从 1 开始。

进入循环之后，打印一个空白行，让 shell 中的游戏界面看上去不乱。然后，通过内置的 input 函数收集玩家二的答案，并保存在变量 char 中。

如果 char 在 rletters（记录玩家二没猜对的字母列表）中，则猜测正确。如果猜对了，则需要更新 board 列表，后面会用来打印剩余的字母。如果玩家二猜了字母 c，则要将 board 列表改为 ["c", "__", "__"]。

因此，应使用 rletters 列表的 index 方法，获取玩家二所猜字母的第一个索引，并在 board 列表中的对应索引位置替换为正确的字母。

但是有一个问题。由于 index 只返回要查找字母的第一个索引，那么如果变量 word 中相同的字母有两个或两个以上，代码就会出错。为了解决这个问题，我们把 rletters 中猜对的字母替换为美元符号，这样下次循环时，index 函数就能找到字母下一次出现的索引（如果有的话），而不是仍返回第一个索引。

如果玩家二猜错了，则将 wrong 的值递增 1。

下一步，用 board 和 stages 列表打印得分情况和上吊的人。打印得分情况的代码是" ".join(board)。

打印上吊的人会更复杂一些。当 stages 列表中的每个元素打印在一行之后，完整图案就打印完了。可通过'\n'.join(stages)打印整个图案，代码会在列表中的各个元素后加入一个换行符，这样就能确保每个字符串各占一行了。

如果要在游戏的每个阶段都打印上吊的人，则需对 stages 列表进行切片。从阶段 0 开始，切片至目前所处的阶段（用变量 wrong 表示）并加一。加一，是因为在切片时尾端不会出现在结果里。切片只会返回打印当前上吊的人进度所需要的字符串。

最后，检查玩家二是否赢得游戏。如果 board 列表中没有了下划线，就表示猜对了所有字母，玩家二赢得游戏。如果是这样，则打印 You win!和猜对的单词。同时将变量 win 设为 True，跳出循环。

退出循环之后，如果玩家二赢了游戏，则程序结束。如果输了，变量 win 被设为 False。如果是这种情况，则打印完整的上吊的人和 You lose!，最后是没有猜对的那个单词：

```
1  # http://tinyurl.com/zqklqxo
2  if not win:
3      print("\n".join(stages[0:wrong]))
4      print("You lose! It was {}.".format(word))
```

完整的代码如下：

```
1  # http://tinyurl.com/h9q2cpc
2
3
4  def hangman(word):
5      wrong = 0
6      stages = ["",
7          "________        ",
8          "|                ",
9          "|        |       ",
10         "|        0       ",
11         "|       /|\      ",
12         "|       / \      ",
13         "|                "
14          ]
15     rletters = list(word)
16     board = ["__"] * len(word)
17     win = False
```

```
18     print("Welcome to Hangman")
19     while wrong < len(stages) - 1:
20         print("\n")
21         msg = "Guess a letter"
22         char = input(msg)
23         if char in rletters:
24             cind = rletters.index(char)
25             board[cind] = char
26             rletters[cind] = '$'
27         else:
28             wrong += 1
29         print((" ".join(board)))
30         e = wrong + 1
31         print("\n".join(stages[0:e]))
32         if "__" not in board:
33             print("You win!")
34             print(" ".join(board))
35             win = True
36             break
37     if not win:
38         print("\n".join(stages[0:wrong]))
39         print("You lose! It was {}.".format(word))
40
41
42 hangman("cat")
```

10.2　挑战练习

修改本章编写的游戏，要求从一个单词列表中随机选择单词。

挑战练习源代码可从异步社区（www.epubit.com）本书详情页的配套资源中下载。

第 11 章

练习

“练习成就不了完美。多练习会产生髓磷脂，是髓磷脂让你做到完美。”

——丹尼尔·科伊尔（Daniel Coyle）

如果这是你读的第一本编程书，建议在阅读下一章之前多花时间做些练习。以下是碰到问题时可参考的一些资源。

11.1 阅读

查看以下网址以获得信息：http://programmers.stackexchange.com/questions/44177/what-is-the-single-most-effective-thing-you-did-to-improve-your-programming-skill。

11.2 其他资源

本书也整理了一些其他的编程资源，读者可前往以下链接查看：http://www.theselftaughtprogrammer. io/resources。

11.3 寻求帮助

如果碰到了问题，可以参考如下建议。首先，在 Facebook 的“自学程序员群组”中提问，网址是 https://www.facebook.com/groups/selftaughtprogrammers。群组中有不少热心的程序员，可以帮助解答你的问题。

还建议多逛逛 http://www.stackoverflow.com，可以在上面提出编程相关的问题，会得到社区成员的解答。

学会寻求他人的帮助是非常重要的。想办法解决问题是学习过程中很重要的部分；但是在某些时候，可能会事倍功半。过去笔者在做项目时，常常纠结于要自己解决所有问题。这样就导致效率低下。如果今天再出现类似的情况，则会上网提问。每次提问后都会有人提供新的思路。因此，编程社区对于程序员的帮助是十分巨大的。

第二部分　面对对象编程简介

本部分内容

第 12 章

编程范式

“只有两种编程语言：大家抱怨的和没人用的。”

——本贾尼·斯特劳斯特鲁普（Bjarne Stroustrup）

编程范式（programming paradigm），即编程风格。当前有许多不同的编程范式。要达到专业程序员水平，则需要学习面向对象编程或函数式编程范式。本章中将学习过程式编程、函数式编程和面向对象编程，并着重介绍面向对象编程。

12.1 状态

不同编程范式之间的根本区别之一，就是对**状态**（state）的处理。状态，是程序运行时其内部变量的值。**全局状态**（global state）是程序运行时其内部全局变量的值。

12.2 过程式编程

本书第一部分的程序，使用的是**过程式编程**（procedural programming）：这种编程风格要求你编写一系列步骤来解决问题，每步都会改变程序的状态。在过程式编程中，写的是“先做这个，再做那个”这样的代码。示例如下：

```
1 # http://tinyurl.com/jv2rrl8
2
3
4 x = 2
5 y = 4
6 z = 8
7 xyz = x + y + z
8 xyz
```

```
>> 14
```

上例中每行代码都改变了程序的状态。首先，定义了 x，随后定义 y，然后是 z。最后，定义 xyz 的值。

在过程式编程时，我们将数据存储在全局变量中，并通过函数进行处理。示例如下：

```
1  # http://tinyurl.com/gldykam
2
3
4  rock = []
5  country = []
6
7
8  def collect_songs():
9      song = "Enter a song."
10     ask = "Type r or c. q to quit"
11
12
13     while True:
14         genre = input(ask)
15         if genre == "q":
16             break
17
18
19         if genre == "r":
20             rk = input(song)
21             rock.append(rk)
22
23
24         elif genre ==("c"):
25             cy = input(song)
26             country.append(cy)
27
28
29         else:
30             print("Invalid.")
31     print(rock)
32     print(country)
33
34
35 collect_songs()
```

```
>> Type r or c. q to quit:
```

编写类似的简短程序时，使用过程式编程是没有什么问题的，但是由于我们将程序的状态都保存在全局变量中，如果程序慢慢变大就会碰到问题。因为随着程序规模扩大，可能会在多个函数中使用全局变量，我们很难记录都有哪些地方对一个全局变量进行了修改。例如，某个函数可能改变了一个全局变量的值，在后面的程序中又有一个函数改变了相同的变量，因为写第二个函数时程序员忘记了已经在第一个函数中做了修改。这种情况经常发生，会严重破坏程序的数据准确性。

随着程序越来越复杂，全局变量的数量也逐渐增加。再加上程序需要不断添加新的功能，也需要修改全局变量，这样程序很快会变得无法维护。而且，这种编程方式也会有**副作用**（side effects），其中之一就是会改变全局变量的状态。使用过程式编程时，经常会碰到意料之外的副作用，比如意外递增某个变量两次。

这些问题促使了面向对象编程和函数式编程的出现，二者采取了不同的方法来解决上述问题。

12.3　函数式编程

函数式编程（functional programming）源自拉姆达运算（lambda calculus）：世界上最小的通用编程语言（由数学家阿隆佐·邱奇发明）。函数式编程通过消除全局状态，解决了过程式编程中出现的问题。函数式程序员依靠的是不使用或不改变全局状态的函数，他们唯一使用的状态就是传给函数的参数。一个函数的结果通常被继续传给另一个函数。因此，这些程序员通过函数之间传递状态，避免了全局状态的问题，也因此消除了由此带来的副作用和其他问题。

函数式编程的专业术语很多，有人下过一个还算精简的定义：“函数式代码有一个特征：没有副作用。它不依赖当前函数之外的数据，也不改变当前函数之外的数据。”并给出了一个带副作用的函数。示例如下：

```
1 # http://tinyurl.com/gu9jpco
2
3
4 a = 0
5
6
7 def increment():
8     global a
9     a += 1
```

还给出了一个不带副作用的函数。示例如下：

```
1 # http://tinyurl.com/z27k2yl
2
3
4 def increment(a):
5     return a + 1
```

第一个函数有副作用，因为它依赖函数之外的数据，并改变了当前函数之外的数据——递增了全局变量的值。第二个函数没有副作用，因为它没有依赖或修改自身之外的数据。

函数式编程的一个优点，在于它消除了所有由全局状态引发的错误（函数式编程中不存在全局状态）。但是也有缺点，即部分问题更容易通过状态进行概念化。例如，设计一个包含全局状态的人机界面，比设计没有全局状态的人机界面要更简单。如果你要写一个程序，通过按钮改变用户看到画面的可见状态，用全局状态来编写该按钮会更简单。你可以创建一个全局变量，值为 True 时画面可见，值为 False 时则不可见。如果不使用全局状态，设计起来就比较困难。

12.4　面向对象编程

面向对象（object-oriented）编程范式也是通过消除全局状态来解决过程式编程引发的问题，但并不是用函数，而是用对象来保存状态。在面向对象编程中，**类**（class）定义了一系列相互之间可进行交互的对象。类是程序员对类似对象进行分类分组的一种手段。假设有一袋橘子，每个橘子是一个对象。所有的橘子都有类似的属性，如颜色和重量，但是这些属性的具体值则各不相同。这里就可以使用类对橘子进行建模，创建属性值不同的橘子对象。例如，可定义一个橘子类，既支持创建深色、重 10 盎司（约 283 克）的橘子对象，也支持创建浅色、重 12 盎司（约 340 克）的橘子对象。

每个对象都是类的实例。如果定义了一个叫 Orange 的类，然后创建两个 Orange 对象，那么每个对象都是 Orange 类的实例；它们的数据类型相同，都是 Orange。对象和实例这两个术语可以替换使用。在定义类时，该类的所有实例是类似的：都拥有类中定义的属性，如颜色或种类，但是每个实例的具体属性值是不一样的。

在 Python 中，类是一个复合语句，包含代码头和主体。可使用语法 `class [类名]:[代码主体]` 来定义类，其中 `[类名]` 是类的名称，`[代码主体]` 是定义的类的具体代码。根据惯例，Python 中的类名都是以大写字母开头，且采用驼峰命名法，即如果类名由多个单词组成，每个单词的第一个字母都应该大写，如 `LikeThis`，而不是用下划线分隔（函数的命名惯例）。类中的代码主体可以是一个单一语句，或一个叫**方法**（method）的复合语句。方法类似于函数，但因为是在类中定义的，只能在类创建的对象上调用方法（如本书第一部分中在字符串上调用.upper()）。方法的命名则遵循函数命名规则，都是小写，并用下划线分隔。

方法的定义方式与函数定义方式相同，但有两处区别：一是必须在类的内部定义方法，二是必须接受至少一个参数（特殊情况除外）。按照惯例，方法的第一个参数总是被命名为 self。创建方法时，至少要定义一个参数，因为在对象上调用方法时，Python 会自动将调用方法的对象作为参数传入。示例如下：

```
1 # http://tinyurl.com/zrmjape
2
3
4 class Orange:
5     def __init__(self):
6         print("Created!")
```

可使用 self 定义**实例变量**（instance variable）：属于对象的变量。如果创建多个对象，各自都有不同的实例变量值。通过语法 self.[变量名] = [变量值]定义实例变量。通常是在特殊方法__init__（代表初始化）中定义实例变量，创建对象时 Python 会调用该方法。

一个代表橘子的类的示例如下：

```
1 # http://tinyurl.com/hrf6cus
2
3
4 class Orange:
5     def __init__(self, w, c):
6         self.weight = w
7         self.color = c
8         print("Created!")
```

创建 Orange 对象时（上例中没有创建），就会执行__init__中的代码，创建两个实例变量：weight 和 color。可以在类的方法中，和使用普通变量一样使用这些实例变量。创建 Orange 对象时，__init__中的代码还会打印 Created!。双下划线包围的方法（如__init__），被称为**魔法方法**（magic method），即 Python 用于创建对象等特殊用途的方法。

创建新 Orange 对象的语法，与调用函数的语法类似：[类名]([参数])，将[类名]替换为想要用来创建对象的类的名称，[参数]替换为__init__接受的参数即可。这里不用传入 self 参数，Python 会自动传入。创建新对象的过程，也被称为**创建类的实例**。

示例如下：

```
 1  # http://tinyurl.com/jlc7pvk
 2
 3
 4  class Orange:
 5      def __init__(self, w, c):
 6          self.weight = w
 7          self.color = c
 8          print("Created!")
 9
10
11  or1 = Orange(10, "dark orange")
12  print(or1)
```

```
>> Created!
>> <__main__.Orange object at 0x101a787b8>
```

定义好类之后，接着用代码 `Orange(10, "dark orange")` 创建了一个 `Orange` 类的实例，程序会打印出 `Created!` 字样。然后，再打印新创建的 `Orange` 对象，Python 告诉我们它是一个 `Orange` 对象，并打印其在内存中的地址（你在计算机上运行时得到的结果，将不同于本例中的结果）。

创建对象之后，可使用语法 `[对象名].[变量名]` 获取实例变量的值。示例如下：

```
 1  # http://tinyurl.com/grwzeo4
 2
 3
 4  class Orange:
 5      def __init__(self, w, c):
 6          self.weight = w
 7          self.color = c
 8          print("Created!")
 9
10
11  or1 = Orange(10, "dark orange")
12  print(or1.weight)
13  print(or1.color)
```

```
>> Created!
>> 10
>> dark orange
```

也可使用语法 `[对象名].[变量名] = [新的值]` 改变实例变量的值：

```
1  # http://tinyurl.com/jsxgw44
2
3
4  class Orange:
5      def __init__(self, w, c):
6          self.weight = w
7          self.color = c
8          print("Created!")
9
10
11 or1 = Orange(10, "dark orange")
12 or1.weight = 100
13 or1.color = "light orange"
14
15
16 print(or1.weight)
17 print(or1.color)
```

```
>> Created!
>> 100
>> light orange
```

尽管实例变量 color 和 weight 一开始被赋予了值"dark orange"和 10，但是我们还是能将其改为"light orange"和 100。

可以使用 Orange 类创建多个橘子对象。示例如下：

```
1  # http://tinyurl.com/jrmxlmo
2
3
4  class Orange:
5      def __init__(self, w, c):
6          self.weight = w
7          self.color = c
8          print("Created!")
9
10
11 or1 = Orange(4, "light orange")
12 or2 = Orange(8, "dark orange")
13 or3 = Orange(14, "yellow")
```

```
>> Created!
>> Created!
>> Created!
```

橘子除了颜色和重量等属性之外，还有其他的属性。它可能还会腐烂，这些都可以通过方法来模拟。下面的代码为 Orange 对象增加了腐烂的属性：

```
1  # http://tinyurl.com/zcp32pz
2
3
4  class Orange():
5      def __init__(self, w, c):
6          """重量的单位是盎司"""
7          self.weight = w
8          self.color = c
9          self.mold = 0
10         print("Created!")
11
12
13     def rot(self, days, temp):
14         self.mold = days * temp
15
16
17 orange = Orange(6, "orange")
18 print(orange.mold)
19 orange.rot(10, 98)
20 print(orange.mold)
```

```
>> Created!
>> 0
>> 980
```

rot 方法接受两个参数：橘子被摘下的天数，以及这些天的平均温度。调用该方法时，其使用公式改变了变量 mold 的值，这是因为可以在任意方法中改变实例变量的值。现在，橘子就可以腐烂了。

可以在类中定义多个方法。下面的代码是一个关于长方形的类，包含一个计算面积的方法和一个改变大小的方法：

```
1  # http://tinyurl.com/j28qoox
2
3
4  class Rectangle():
5      def __init__(self, w, l):
6          self.width = w
7          self.len = l
8
9
10     def area(self):
11         return self.width * self.len
```

```
12
13
14        def change_size(self, w, l):
15            self.width = w
16            self.len = l
17
18
19    rectangle = Rectangle(10, 20)
20    print(rectangle.area())
21    rectangle.change_size(20, 40)
22    print(rectangle.area())
```

```
>> 200
>> 800
```

本例中，Rectangle 对象有两个实例变量：len 和 width。area 方法将两个实例变量相乘，返回 Rectangle 的面积；change_size 方法为实例变量赋予调用者新传入参数的值，从而改变了大小。

面向对象编程有多个优点：鼓励代码复用，从而减少了开发和维护的时间；还鼓励拆解问题，使代码更容易维护。但有一个缺点便是编写程序时要多下些功夫，因为要做很多的事前规划和设计。

12.5　术语表

编程范式：编程风格。

状态：程序运行时其内变量的值。

全局状态：程序运行时其内全局变量的值。

过程式编程：该编程风格要求编写一系列步骤来解决问题，每一步都会改变程序的状态。

函数式编程：函数式编程通过函数传递消除了全局状态，解决了过程式编程中出现的问题。

副作用：改变全局变量的值。

面向对象：定义相互之间可交互的对象的编程范式。

类：程序员对类似对象进行分类分组的一种手段。

方法：类似函数，但其是在类中定义的，只能在类创建的对象上调用方法。

实例：每个对象都是类的一个实例。类的每个实例与该类的其他实例拥有相同的数据类型。

实例变量：属于对象的变量。

魔法方法：Python 在特殊情况下使用的方法，如对象初始化。

类的实例化：使用类创建一个新对象。

12.6　挑战练习

1．定义一个叫 `Apple` 的类，创建 4 个实例变量，表示苹果的 4 种属性。

2．定义一个叫 `Circle` 的类，创建 `area` 方法计算其面积。然后创建一个 `Circle` 对象，调用其 `area` 方法，打印结果。可使用 Python 内置的 `math` 模块中的 `pi` 函数。

3．定义一个叫 `Triangle` 的类，创建 `area` 方法计算并返回面积。然后创建一个 `Triangle` 对象，调用其 `area` 方法，打印结果。

4．定义一个叫 `Hexagon` 的类，创建 `calculate_perimeter` 方法，计算并返回其周长。然后创建一个 `Hexagon` 对象，调用其 `calculate_perimeter` 方法，并打印结果。

挑战练习源代码可从异步社区（www.epubit.com）本书详情页的配套资源中下载。

第 13 章

面向对象编程的四大支柱

"优良设计创造价值的速度，快于其增加成本的速度。"

——托马斯·C.盖勒（Thomas C.Gale）

面向对象编程有四大概念：封装、抽象、多态和继承。它们共同构成了**面向对象编程的四大支柱**。编程语言必须同时支持这 4 个概念，才能被认为是一门面向对象编程的语言，如 Python、Java 和 Ruby。本章将分别学习面向对象编程的 4 个支柱。

13.1 封装

封装（encapsulation）包含两个概念。第一个概念是在面向对象编程中，对象将变量（状态）和方法（用来改变状态或执行涉及状态的计算）集中在一个地方——即对象本身。示例如下：

```
# http://tinyurl.com/j74o5rh


class Rectangle():
    def __init__(self, w, l):
        self.width = w
        self.len = l



    def area(self):
        return self.width * self.len
```

上例中，实例变量 `len` 和 `width` 保存的是对象的状态，并在 area 方法内集中在相同的地方（对象本身）。该方法使用对象的状态来返回长方形的面积。

封装包含的第二个概念，指的是隐藏类的内部数据，以避免**客户端**（client）**代码**（即类外部的代码）直接进行访问。示例如下：

```
 1 | # http://tinyurl.com/jtz28ha
 2 |
 3 |
 4 | class Data:
 5 |     def __init__(self):
 6 |         self.nums = [1, 2, 3, 4, 5]
 7 |
 8 |
 9 |     def change_data(self, index, n):
10 |         self.nums[index] = n
```

Data 类有一个叫 nums 的实例变量，包含一个整型数列表。创建一个 Data 对象后，有两种方法可以改变 nums 中的元素：使用 change_data 方法，或者直接使用 Data 对象访问其 nums 实例变量。示例如下：

```
 1 | # http://tinyurl.com/huczqr5
 2 |
 3 |
 4 | class Data:
 5 |     def __init__(self):
 6 |         self.nums = [1, 2, 3, 4, 5]
 7 |
 8 |
 9 |     def change_data(self, index, n):
10 |         self.nums[index] = n
11 |
12 |
13 | data_one = Data()
14 | data_one.nums[0] = 100
15 | print(data_one.nums)
16 |
17 |
18 | data_two = Data()
19 | data_two.change_data(0, 100)
20 | print(data_two.nums)
```

```
>> [100, 2, 3, 4, 5]
>> [100, 2, 3, 4, 5]
```

以上两种方法都有效，但是假如你将实例变量 nums 变成一个元组又该如何操作呢？如果这样改动，任何外部尝试修改 nums 变量的代码都是无效的。nums[0] = 100

这样的代码将无法成功执行，因为元组是不可变的。

许多编程语言允许程序员定义**私有变量**（private variable）和**私有方法**（private method）来解决这个问题：对象可以访问这些变量和方法，但是客户端代码不行。私有变量和方法适用于如下场景：有一个类内部使用的方法或变量，并且希望后续调整代码实现（或保留选项的灵活），但不想让任何使用该类的人依赖这些方法或变量，因为后续代码可能会调整（到时会导致客户端代码无法执行）。私有变量是封装包含的第二个概念的一种范例；私有变量隐藏了类的内部数据，避免客户端代码直接访问。**公有变量**（public variable）则相反，它是客户端代码可以直接访问的变量。

Python 中没有私有变量，所有的变量都是可以公开访问的。Python 通过另一种方法解决了私有变量应对的问题：使用命名约定。在 Python 中，如果有调用者不应该访问的变量或方法，则应在名称前加下划线。Python 程序员看见某个方法或变量以下划线开头时，就会知道它们不应该被使用（不过实际仍然是可以使用的）。示例如下：

```
1   # http://tinyurl.com/jkaorle
2
3
4   class PublicPrivateExample:
5       def __init__(self):
6           self.public = "safe"
7           self._unsafe = "unsafe"
8
9
10      def public_method(self):
11          # 客户端可以使用
12          pass
13
14
15      def _unsafe_method(self):
16          # 客户端不应使用
17          pass
```

编写客户端代码的程序员看到上述代码后，会知道变量 `self.public` 是可以安全使用的，但是不应该使用变量 `self._unsafe`，因为其以下划线开头。如果非要使用，后续可能会有风险。维护上述代码的程序员，没有义务一直保留 `self._unsafe`，因为调用者本不应该访问该变量。客户端程序员也能确认 `public_method` 是可以放心使用的，而 `_unsafe_method` 则不然，因为其名称同样以下划线开头。

13.2 抽象

抽象（abstraction）指的是“剥离事物的诸多特征，使其只保留最基本的特质”的过程。在面向对象编程中，使用类进行对象建模时就会用到抽象的技巧。

假设要对人进行建模。人的特征很复杂：头发和眼睛颜色不同，还有身高、体重、种族、性别等诸多特征。如要创建一个类代表人，有一些细节可能与要解决的问题并不相关。举个例子，我们创建一个 Person 类，但是忽略其眼睛颜色和身高等特征，这就是在进行抽象。Person 对象是对人的抽象，代表的是只具备解决当前问题所需的基本特征的人。

13.3 多态

多态（polymorphism）指的是“为不同的基础形态（数据类型）提供相关接口的能力”。接口，指的是函数或方法。下面就是一个多态的示例：

```
1 # http://tinyurl.com/hrxd7gn
2
3
4 print("Hello, World!")
5 print(200)
6 print(200.1)
```

```
>> Hello, World!
>> 200
>> 200.1
```

print 函数为字符串、整数和浮点数这 3 种不同的数据类型提供了相同的接口。我们不必定义并调用 3 个不同的函数（如调用 print_string 打印字符串，print_int 打印整数，print_float 打印浮点数），只需要调用 print 函数即可支持所有数据类型。

内置函数 type 可以返回对象的数据类型如下：

```
1 # http://tinyurl.com/gnxq24x
2
3
4 type("Hello, World!")
5 type(200)
6 type(200.1)
```

```
>> <class 'str'>
>> <class 'int'>
>> <class 'float'>
```

假设我们要编写一个程序，创建 3 个对象，用对象分别画出三角形、正方形和圆形。可以定义 3 个不同的类 Triangle、Square 和 Circle，并各自定义 draw 方法来实现。Triangle.draw() 用来画三角形，Sqaure.draw() 用来画正方形，Circle.draw() 则用来画圆形。这样设计的话，每个对象都有一个 draw 接口，支持画出自身类所对应的图形。这样就为 3 个不同的数据类型提供了相同的接口。

如果 Python 不支持多态，每个图形就都需要创建一个方法：draw_triangle 画 Triangle 对象，draw_square 画 Sqaure 对象，draw_circle 画 Circle 对象。

另外，如果有一个包含这些对象的列表，且要将每个对象画出来，就必须要检查每个对象的数据类型，然后调用正确的方法。这会让程序规模变大，更难阅读，更难编写，也更加脆弱。这还会使得程序更难以优化，因为每添加一个新图形，必须要找到代码中所有要画出图形的地方，并为新图形添加检查代码（以便确定使用哪个方法），而且还需再调用新的画图函数。下面分别是未使用多态和使用了多态的画图代码示例：

```
1  # 不要执行
2
3
4
5  # 未使用多态的代码画图
6
7  shapes = [trl, sql, crl]
8  for a_shape in shapes:
9      if type(a_shape) == "Triangle":
10         a_shape.draw_triangle()
11     if type(a_shape) == "Square":
12         a_shape.draw_square()
13     if type(a_shape) == "Circle":
14         a_shape.draw_cirlce()
15
16
17 # 使用多态的代码画图
18
19 shapes = [trl,
20           swl,
21           crl]
22 for a_shape in shapes:
23     a_shape.draw()
```

如果在没有使用多态的代码中添加新图形，则必须修改 for 循环中的代码，检查 a_shape 的类型并调用其画图方法。通过统一多态的接口，可以随意向 shapes 列表中添加新图形，不需要再添加额外的代码即可画出对应图形。

13.4　继承

编程语境中的**继承**（inheritance），与基因继承类似。在基因继承中，子女会从父母那继承眼睛颜色等特征。类似地，在创建类时，该类也可以从另一个类那里继承方法和变量。被继承的类，称为**父类**（parent class）；继承的类则被称为**子类**（child class）。本节将使用继承对图形进行建模。示例如下：

```
1  # http://tinyurl.com/zrnqeo3
2
3
4  class Shape():
5      def __init__(self, w, l):
6          self.width = w
7          self.len = l
8
9
10     def print_size(self):
11         print("""{} by {}
12               """.format(self.width,
13                          self.len))
14
15
16 my_shape = Shape(20, 25)
17 my_shape.print_size()
```

```
>> 20 by 25
```

通过该类，我们可以创建拥有 width 和 len 属性的 Shape 对象。Shape 对象有一个方法 print_size，可打印其 width 和 len 的值。

接下来，定义一个子类。在创建子类时，将父类的变量名传入子类，即可继承父类的属性。下例中 Square 类的继承来自 Shape 类：

```
1  # http://tinyurl.com/j8lj35s
2
3
4  class Shape():
5      def __init__(self, w, l):
```

```
 6          self.width = w
 7          self.len = l
 8
 9
10      def print_size(self):
11          print("""{} by {}
12                """.format(self.width,
13                           self.len))
14
15
16  class Square(Shape):
17      pass
18
19
20  a_square = Square(20, 20)
21  a_square.print_size()
```

```
>> 20 by 20
```

因为我们将 Shape 类作为参数传给了 Square 类，后者就继承了 Shape 类的变量和方法。Sqaure 类中定义的代码只有关键字 pass，表示不执行任何操作。

由于继承了父类，我们可以创建 Square 对象，传入宽度和长度参数，并在其上调用 print_size 方法，而不需要再写任何代码（除 pass 外）。由此带来的代码量缩减很重要，因为避免代码重复可以让程序更精简、更可控。

子类与其他类没有区别，它可以定义新的方法和变量，不会影响父类。示例如下：

```
 1  # http://tinyurl.com/hwjdcy9
 2
 3
 4  class Shape():
 5      def __init__(self, w, l):
 6          self.width = w
 7          self.len = l
 8
 9
10      def print_size(self):
11          print("""{} by {}
12                """.format(self.width,
13                           self.len))
14
15
16  class Square(Shape):
17      def area(self):
```

```
18            return self.width * self.len
19
20
21  a_square = Square(20, 20)
22  print(a_square.area())
```

```
>> 400
```

当子类继承父类的方法时，我们可以定义一个与继承的方法名称相同的新方法，从而覆盖父类中的方法。子类改变从父类中继承方法的实现能力，被称为**方法覆盖**（method overriding），示例如下：

```
1   # http://tinyurl.com/hy9m8ht
2
3
4   class Shape():
5       def __init__(self, w, l):
6           self.width = w
7           self.len = l
8
9
10      def print_size(self):
11          print("""{} by {}
12                """.format(self.width,
13                           self.len))
14
15
16  class Square(Shape):
17      def area(self):
18          return self.width * self.len
19
20
21      def print_size(self):
22          print("""I am {} by {}
23                """.format(self.width,
24                           self.len))
25
26
27  a_square = Square(20, 20)
28  a_square.print_size()
```

```
>> I am 20 by 20
```

上例中，由于定义了一个叫`print_size`的方法，新定义的方法覆盖了父类中同名的方法，在调用时会打印不同的信息。

13.5　组合

介绍完面向对象编程的 4 个支柱之后，这里再介绍一个更重要的概念：**组合**（composition）。通过组合技巧，将一个对象作为变量保存在另一个对象中，可以模拟“拥有”关系。例如，可使用组合来表达狗和其主人之间的关系（狗有主人）。为此，我们首先定义表示狗和人的类：

```
1  # http://tinyurl.com/zqg488n
2
3
4  class Dog():
5      def __init__(self,
6                   name,
7                   breed,
8                   owner):
9          self.name = name
10         self.breed = breed
11         self.owner = owner
12
13
14 class Person():
15     def __init__(self, name):
16         self.name = name
```

然后，在创建 Dog 对象时将 Person 对象作为 owner 参数传入：

```
1  # http://tinyurl.com/zlzefd4
2  # 接上例
3
4
5
6  mick = Person("Mick Jagger")
7  stan = Dog("Stanley",
8             "Bulldog",
9              mick)
10 print(stan.owner.name)
```

```
>> Mick Jagger
```

这样，stan 对象"Stanley"就有了一位主人，即名叫"Mick Jagger"的 Person 对象，保存在其实例变量 owner 中。

13.6 术语表

面向对象编程的四大支柱：封装、抽象、多态和继承。

继承：在基因继承中，子女会从父母那继承眼睛颜色等特征。类似地，在创建类时，该类也可以从另一个类那里继承方法和变量。

父类：被继承的类。

子类：继承父类的类。

方法覆盖：子类改变从父类中继承方法的实现能力。

多态：多态指的是为不同的基础形态（数据类型）提供相关接口的能力。

抽象：抽象指的是剥离事物的诸多特征，使其只保留最基本的特质的过程。

客户端代码：使用对象的类之外的代码。

封装：封装包含两个概念。第一个概念是在面向对象编程中对象将变量（状态）和方法（用来改变状态或执行涉及状态的计算）集中在一个地方——即对象本身。第二个概念指的是隐藏类的内部数据，以避免客户端代码（即类外部的代码）直接进行访问。

组合：通过组合技巧，将一个对象作为变量保存在另一个对象中，可以模拟“拥有”关系。

13.7 挑战练习

1. 创建 `Rectangle` 和 `Square` 类，使它们均有一个叫 `calculate_perimeter` 的方法，计算其所表示图形的周长。创建 `Rectangle` 和 `Sqaure` 对象，并调用二者的周长计算方法。

2. 在 `Square` 类中，定义一个叫 `change_size` 的方法，支持传入一个数字，增加或减少（数字为负时）`Square` 对象的边长。

3. 创建一个叫 `Shape` 的类。在其中定义一个叫 `what_am_i` 的方法，被调用时打印`"I am a shape"`。调整上个挑战中的 `Square` 和 `Rectangle` 类，使其继承 `Shape` 类，然后创建 `Sqaure` 和 `Rectangle` 对象，并在二者上调用新方法。

4. 创建一个叫 `Horse` 的类，以及一个叫 `Rider` 的类。使用组合，表示一批有骑手的马。

挑战练习源代码可从异步社区（www.epubit.com）本书详情页的配套资源中下载。

第 14 章

深入面向对象编程

"视代码如诗词，勿要做无所谓的堆砌。"

——伊利亚·多尔曼（Ilya Dorman）

本章将学习与面向对象编程相关的其他概念。

14.1 类变量与实例变量

在 Python 中，类即对象。这个理念源自引领了面向对象编程风潮的 Smalltalk 语言。Python 中的每个类，都是 type 类的一个实例对象：

```
1 # http://tinyurl.com/h7ypzmd
2
3
4 class Square:
5     pass
6
7
8 print(Square)
```

```
>> <class '__main__.Square'>
```

本例中，Square 类就是一个对象，我们也将其类型打印出来了。

类中有两种类型的变量：**类变量**（class variable）和**实例变量**（instance variable）。目前书中出现过的变量，均为实例变量，通过语法 self.[变量名] = [变量值]定义。实例变量属于对象，示例如下：

```
1 # http://tinyurl.com/zmnf47e
2
3
```

```
 4  class Rectangle():
 5      def __init__(self, w, l):
 6          self.width = w
 7          self.len = l
 8
 9
10      def print_size(self):
11          print("""{} by {}
12                """.format(self.width,
13                           self.len))
14
15
16  my_rectangle = Rectangle(10, 24)
17  my_rectangle.print_size()
```

```
>> 10 by 24
```

本例中的 `width` 和 `len` 都是实例变量。

类变量属于 Python 为每个类定义创建的对象，以及类本身创建的对象。类变量的定义方式与普通变量相同（但是必须在类内部定义），可以通过类对象访问，也可以通过使用类创建的对象访问。访问方式与实例变量（变量名前面加 `self.`）的访问方式相同。类变量可以在不使用全局变量的情况下，在类的所有实例之间共享数据。示例如下：

```
 1  # http://tinyurl.com/gu9unfc
 2
 3
 4  class Rectangle():
 5      recs = []
 6
 7
 8      def __init__(self, w, l):
 9          self.width = w
10          self.len = l
11          self.recs.append((self.width,
12                            self.len))
13
14
15      def print_size(self):
16          print("""{} by {}
17                """.format(self.width,
18                           self.len))
19
20
21  r1 = Rectangle(10, 24)
```

```
22 | r2 = Rectangle(20, 40)
23 | r3 = Rectangle(100, 200)
24 |
25 |
26 | print(Rectangle.recs)
```

```
>> [(10, 24), (20, 40), (100, 200)]
```

本例中，我们在类 `Rectangle` 中添加了一个叫 `recs` 的类变量，它是在`__init__`方法之外定义的。因为 Python 只有在创建对象时才调用`__init__`方法，而我们希望能够使用类对象（不会调用`__init__`方法）访问类变量。

接下来，我们创建了 3 个 `Rectangle` 对象。每创建一个 `Rectangle` 对象，`__init__`方法中的代码就会向 `recs` 列表中添加一个由新对象宽度和长度组成的元组。这样，每当新创建一个 `Rectangle` 对象时，就会被自动添加到 `recs` 列表。通过使用类变量，即可在不使用全局变量的情况下，做到了在类创建的不同实例之间共享数据。

14.2 魔法方法

Python 中所有的类，均继承自一个叫 `Object` 的父类。Python 在不同的情况下会使用从 `Object` 中继承的方法，如打印对象时：

```
1 | # http://tinyurl.com/ze8yr7s
2 |
3 |
4 | class Lion:
5 |     def __init__(self, name):
6 |         self.name = name
7 |
8 |
9 | lion = Lion("Dilbert")
10| print(lion)
```

```
>> <__main__.Lion object at 0x101178828>
```

打印 `Lion` 对象时，Python 调用了其从 `Object` 继承的魔法方法`__repr__`，并打印`__repr__`方法返回的结果。我们可以覆盖继承来的`__repr__`方法，以改变打印结果。示例如下：

```
1 | # http://tinyurl.com/j5rocqm
2 |
3 |
```

```
4  class Lion:
5      def __init__(self, name):
6          self.name = name
7
8
9      def __repr__(self):
10         return self.name
11
12
13 lion = Lion("Dilbert")
14 print(lion)
```

```
>> Dilbert
```

由于我们覆盖了从 `Object` 继承的 `__repr__` 方法，并将其修改为返回 `Lion` 对象的名称。那么再打印 `Lion` 对象时，打印的内容就是 `Dilbert`，而不是原本返回的 `<__main__.Lion object at 0x101178828>`。

表达式中的操作数必须有一个运算符是用来对表达式求值的魔法方法。例如，在表达式 2 + 2 中，每个整型数对象都有一个叫 `__add__` 的方法，Python 在对表达式求值时就会调用该方法。如果我们在类中定义了一个 `__add__` 方法，那么就可以在表达式中将其创建的对象用作加法运算符的操作数。示例如下：

```
1  # http://tinyurl.com/hlmhrwv
2
3
4  class AlwaysPositive:
5      def __init__(self, number):
6          self.n = number
7
8
9      def __add__(self, other):
10         return abs(self.n +
11                    other.n)
12
13
14 x = AlwaysPositive(-20)
15 y = AlwaysPositive(10)
16
17
18 print(x + y)
```

```
>> 10
```

AlwaysPostive 对象可用在包含加法运算符的表达式中，因为已经定义好了一个__add__方法。Python 在计算含加法运算符的表达式时，会在第一个操作符上调用__add__，并将第二个操作符对象作为参数传入__add__，然后返回结果。

在本例中，__add__使用内置函数 abs 返回了两个数字相加后的绝对值。因为像这样定义了__add__，两个 AlwaysPositive 对象相加之后，将永远返回两个对象之和的绝对值；因此，表达式的结果永远为正。

14.3　is

如果两个对象是相同的对象，关键字 is 返回 True，反之则返回 False。示例如下：

```
 1  # http://tinyurl.com/gt28gww
 2
 3
 4  class Person:
 5      def __init__(self):
 6          self.name = 'Bob'
 7
 8
 9  bob = Person()
10  same_bob = bob
11  print(bob is same_bob)
12
13
14  another_bob = Person()
15  print(bob is another_bob)
```

```
>> True
>> False
```

当在表达式中使用 is 关键字，且 bob 和 same_bob 为对比的操作数时，表达式的结果为 True，因为两个变量都指向相同的 Person 对象。在创建一个新的 Person 对象之后，再与最初的 bob 进行对比，表达式的结果则为 False，因为两个变量指向不同的 Person 对象。

还可以使用关键字 is 检查变量是否为 None，示例如下：

```
1  # http://tinyurl.com/jjettn2
2
3
```

```
 4  x = 10
 5  if x is None:
 6      print("x is None : ( ")
 7  else:
 8      print("x is not None")
 9
10
11  x = None
12  if x is None:
13      print("x is None : ( ")
14  else:
15      print("x is not None")
```

```
>> x is not None
>> x is None : (
```

14.4　术语表

类变量：属于类对象及其创建的对象。

实例变量：实例变量属于对象。

私有变量：对象可访问，但客户端代码不能访问的变量。

私有方法：对象可访问，但客户端代码不能访问的方法。

公有变量：客户端代码可访问的变量。

14.5　挑战练习

1. 向 `Square` 类中添加一个 `square_list` 类变量，要求每次新创建一个 `Square` 对象时，新对象会被自动添加到列表中。

2. 修改 `Square` 类，要求在打印 `Square` 对象时，打印的信息为图形 4 个边的长度。例如，假设创建一个 `Square(29)`，则应打印 `29 by 29 by 29 by 29`。

3. 编写一个函数，接受两个对象作为参数，如果为相同的对象则返回 `True`，反之返回 `False`。

挑战练习源代码可从异步社区（www.epubit.com）本书详情页的配套资源中下载。

第 15 章

综合练习

“代码跑起来我们再聊。”

——沃德·坎宁汉（Ward Cunningham）

本章将学习开发著名的棋牌游戏——战争。在该游戏中，每名玩家从牌堆中抽取一张牌，牌面点数最高的玩家获胜。我们将分别定义表示扑克牌、牌堆、玩家和游戏的类，来逐步开发“战争”。

15.1 卡牌

下面是表示扑克牌的类：

```
1  # http://tinyurl.com/jj22qv4
2
3
4  class Card:
5      suits = ["spades",
6               "hearts",
7               "diamonds",
8               "clubs"]
9
10
11     values = [None, None, "2", "3",
12               "4", "5", "6", "7",
13               "8", "9", "10",
14               "Jack", "Queen",
15               "King", "Ace" ]
16
17
18     def __init__(self, v, s):
19         """suit 和 value 的值都为整型数"""
```

```
20            self.value = v
21            self.suit = s
22
23
24        def __lt__(self, c2):
25            if self.value < c2.value:
26                return True
27            if self.value == c2.value:
28                if self.suit < c2.suit:
29                    return True
30                else:
31                    return False
32            return False
33
34
35        def __gt__(self, c2):
36            if self.value > c2.value:
37                return True
38            if self.value == c2.value:
39                if self.suit > c2.suit:
40                    return True
41                else:
42                    return False
43            return False
44
45
46        def __repr__(self):
47            v = self.values[self.value] + " of " \
48            + self.suits[self.suit]
49            return v
```

Card 类有两个类变量：suits 和 values。前者是一个字符串列表，表示扑克牌的花色：spades、hearts、diamonds 和 clubs。后者是一个表示扑克牌数字的字符串列表：2～10、Jack、Queen、King 和 Ace。列表 values 的前两个索引处的元素都是 None，以确保列表中的字符串与其所处的索引相匹配，即 values 列表中的字符串"2"位于索引 2。

Card 对象有两个实例变量：suit 和 value，均为整型数。二者结合在一起，表示 Card 对象代表的是什么牌。例如，创建 Card 对象时传入参数 2 作为 value 的值，传入参数 1 作为 suit 的值，就意味着创建了一张 2 of hearts（红桃二）。

由于定义了__lt__和__gt__这两个魔法方法，就可以在表达式中使用大于和小于运算符比较 Card 对象。魔法方法中的代码会判断当前扑克牌是大于还是小于作为参数传入的扑克牌，同时也会判断两张牌的值是否相同。如果加入两张牌的值都是 10，那么就会通过 suit 来比较。suits 列表中的花色是按大小排列的，即索引值越大的花色，越小；索引值越小的花色，越大。示例如下：

```
1  # http://tinyurl.com/j6donnr
2
3
4  card1 = Card(10, 2)
5  card2 = Card(11, 3)
6  print(card1 < card2)
```

```
>> True
```

```
1  # http://tinyurl.com/hc9ktlr
2
3
4  card1 = Card(10, 2)
5  card2 = Card(11, 3)
6  print(card1 > card2)
```

```
>> False
```

Card 类中定义的最后一个方法是__repr__，通过 value 和 suit 实例变量查找扑克牌在 values 和 suits 列表中对应的值和花色，并返回查询结果。示例如下：

```
1  # http://tinyurl.com/z57hc75
2
3
4  card = Card(3, 2)
5  print(card)
```

```
>> 3 of diamonds
```

15.2　牌堆

接下来，我们定义一个用来表示牌堆（deck of cards）的类：

```
1  # http://tinyurl.com/jz8zfz7
2  from random import shuffle
3
4
5  class Deck:
6      def __init__(self):
7          self.cards = []
```

```
 8          for i in range(2, 15):
 9              for j in range(4):
10                  self.cards.append(Card(i, j))
11          shuffle(self.cards)
12
13
14      def rm_card(self):
15          if len(self.cards) == 0:
16              return
17          return self.cards.pop()
```

在初始化 Deck 对象时，__init__方法中的两个 for 循环将创建牌堆中所有的 52 张牌，并添加到 cards 列表。第一个循环从 2 到 15，因为扑克牌的第一个值是 2，最后一个值是 14（Ace）。内部的 for 循环每循环一次，就会使用外循环的整型数作为扑克牌的值（如 14 表示 Ace），用内循环的整型数作为扑克牌的花色（如 1 表示红桃），以此创建一张扑克牌，总共创建 52 张，每种花色和数值的组合各创建一张。创建完所有的扑克牌之后，通过 random 模块中的 shuffle 方法随机排列 cards 列表中的元素，模拟洗牌的动作。

牌堆还有一个叫 rm_card 的方法，从牌堆中返回一张扑克牌对象并将其从 cards 列表内移除，如果牌堆里没有牌时则返回 None。我们使用 Deck 类创建一副牌，并打印其中所有的牌：

```
1  # http://tinyurl.com/hsv5n6p
2
3
4  deck = Deck()
5  for card in deck.cards:
6      print(card)
```

```
>> 4 of spades
>> 8 of hearts
...
```

15.3　玩家

我们还需要一个类来表示游戏中的玩家，并记录他们手中的牌，以及赢了多少局。示例如下：

```
1  # http://tinyurl.com/gwyrt2s
2
3
```

```
4  class Player:
5      def __init__(self, name):
6          self.wins = 0
7          self.card = None
8          self.name = name
```

Player 类有 3 个实例变量：wins 用来记录玩家赢的局数，card 用来代表玩家当前手中的牌，name 用来记录玩家的姓名。

15.4　游戏

最后，还需要一个类来表示游戏本身：

```
1  # http://tinyurl.com/huwq8mw
2
3
4  class Game:
5      def __init__(self):
6          name1 = input("p1 name ")
7          name2 = input("p2 name ")
8          self.deck = Deck()
9          self.p1 = Player(name1)
10         self.p2 = Player(name2)
11
12
13     def wins(self, winner):
14         w = "{} wins this round"
15         w = w.format(winner)
16         print(w)
17
18
19     def draw(self, p1n, p1c, p2n, p2c):
20         d = "{} drew {} {} drew {}"
21         d = d.format(p1n, p1c, p2n, p2c)
22         print(d)
23
24
25     def play_game(self):
26         cards = self.deck.cards
27         print("beginning War!")
28         while len(cards) >= 2:
29             m = "q to quit. Any " + "key to play:"
30             response = input(m)
31             if response = "q":
```

```
32                    break
33                p1c = self.deck.rm_card()
34                p2c = self.deck.rm_card()
35                p1n = self.p1.name
36                p2n = self.p2.name
37                self.draw(p1n, p1c, p2n, p2c)
38                if p1c > p2c:
39                    self.p1.wins += 1
40                    self.wins(self.p1.name)
41                else:
42                    self.p2.wins += 1
43                    self.wins(self.p2.name)
44
45
46            win = self.winner(self.p1, self.p2)
47
48            print("War is over. {} wins".format(win))
49
50
51        def winner(self, p1, p2):
52            if p1.wins > p2.wins:
53                return p1.name
54            if p1.wins < p2.wins:
55                return p2.name
56            return "It was a tie!"
```

创建 Game 对象时，Python 调用其 `__init__` 方法，其中的 input 函数将收集参与游戏的两名玩家的姓名，并保存在变量 name1 和 name2 中。接下来，创建一个 Deck 对象，保存在实例变量 deck 中，并使用 name1 和 name2 创建两个 Player 对象。

Game 类中的 play_game 方法会开启游戏，其中有一个 while 循环，只要牌堆中剩下两张或两张以上扑克牌，并且 response 变量的值不等于 q，游戏就会一直运行。每次循环，都将用户的输入赋值给 response 变量。游戏只有在有玩家输入"q"，或者牌堆里少于两张牌时才会结束。

每次循环将抽取两张扑克牌，play_game 方法将第一张牌给 p1，第二张牌给 p2。然后打印每个玩家的名字及抽到的扑克牌，同时比较哪张牌更大，手中牌更大的玩家赢得本轮，其对应 wins 实例变量的值递增 1。

Game 类还有一个叫 winner 的方法，接受两个 Player 对象，将比较各自赢得的局数，并返回获胜次数最多的玩家。

当 Deck 对象中没有多余的扑克牌后，play_game 方法将打印一段话表示战争已经结束，然后调用 winner 方法（传入 p1 和 p2 作为参数），并打印返回的结果——赢得游戏胜利的玩家的姓名。

15.5 战争

以下是完整代码：

```
# http://tinyurl.com/ho7364a


from random import shuffle


class Card:
    suits = ["spades",
             "hearts",
             "diamonds",
             "clubs"]


    values = [None, None, "2", "3",
              "4", "5", "6", "7",
              "8", "9", "10",
              "Jack", "Queen",
              "King", "Ace" ]


    def __init__(self, v, s):
        """suit 和 value 的值都为整型数"""
        self.value = v
        self.suit = s


    def __lt__(self, c2):
        if self.value < c2.value:
            return True
        if self.value == c2.value:
            if self.suit < c2.suit:
                return True
            else:
                return False
        return False


```

```
38        def __gt__(self, c2):
39            if self.value > c2.value:
40                return True
41            if self.value == c2.value:
42                if self.suit > c2.suit:
43                    return True
44                else:
45                    return False
46            return False
47
48
49        def __repr__(self):
50            v = self.values[self.value] + " of " \
51            + self.suits[self.suit]
52            return v
53
54
55    class Deck:
56        def __init__(self):
57            self.cards = []
58            for i in range(2, 15):
59                for j in range(4):
60                    self.cards.append(Card(i, j))
61            shuffle(self.cards)
62
63
64        def rm_card(self):
65            if len(self.cards) == 0:
66                return
67            return self.cards.pop()
68
69
70    class Player:
71        def __init__(self, name):
72            self.wins = 0
73            self.card = None
74            self.name = name
75
76
77    class Game:
78        def __init__(self):
79            name1 = input("p1 name ")
80            name2 = input("p2 name ")
81            self.deck = Deck()
82            self.p1 = Player(name1)
```

```
 83            self.p2 = Player(name2)
 84
 85
 86        def wins(self, winner):
 87            w = "{} wins this round"
 88            w = w.format(winner)
 89            print(w)
 90
 91
 92        def draw(self, p1n, p1c, p2n, p2c):
 93            d = "{} drew {} {} drew {}"
 94            d = d.format(p1n, p1c, p2n, p2c)
 95            print(d)
 96
 97
 98        def play_game(self):
 99            cards = self.deck.cards
100            print("beginning War!")
101            while len(cards) >= 2:
102                m = "q to quit. Any " + "key to play:"
103                response = input(m)
104                if response == 'q':
105                    break
106                p1c = self.deck.rm_card()
107                p2c = self.deck.rm_card()
108                p1n = self.p1.name
109                p2n = self.p2.name
110                self.draw(p1n, p1c, p2n, p2c)
111                if p1c > p2c:
112                    self.p1.wins += 1
113                    self.wins(self.p1.name)
114                else:
115                    self.p2.wins += 1
116                    self.wins(self.p2.name)
117
118
119            win = self.winner(self.p1, self.p2)
120
121            print("War is over. {} wins".format(win))
122
123
124        def winner(self, p1, p2):
125            if p1.wins > p2.wins:
126                return p1.name
127            if p1.wins < p2.wins:
```

```
128                return p2.name
129            return "It was a tie!"
130
131
132    game = Game()
133    game.play_game()
```

```
>> "p1 name"
…
```

第三部分　编程工具简介

本部分内容

第 16 章

Bash

“除了计算机编程外，我想不出还有其他让我感兴趣的工作。我可以无中生有地创造出精美的范式和结构，在此过程中也解决了无数的小谜团。”

——皮特·范德林登（Peter Van Der Linden）

本章将学习使用一种被称为 **Bash** 的**命令行接口**（command-line interface）。命令行接口是一种可以支持用户输入指令，并由操作系统执行的程序。Bash 则是大部分类 UNIX 操作系统都具备的命令行接口实现。因此，本章中命令行接口和**命令行**可交替使用。

笔者刚得到第一份编程工作时，犯了将所有时间都用来练习编程的错误。当然，要想做到职业编程的水平，需要一定的天赋。但是还有其他应该掌握的技能，比如命令行的使用。命令行是除了编码之外，其他工作的“控制中心”。

例如，本书后续章节将会提到如何使用包管理器安装他人的程序，以及如何使用版本控制系统与他人进行协作。这两个工具都需要从命令行进行操作。另外，如今大部分软件都需要从互联网获取数据，而世界上大部分 Web 服务器运行的都是 Linux 系统。这些服务器没有图形化的用户界面，只能通过命令行访问。

命令行、包管理器、正则表达式和版本控制，这些都是程序员工具库中的核心成员。笔者所共事过的团队中，没有成员不擅长使用这些工具。

当你以编程为职业时，也需要做到可以熟练使用上述工具。笔者花了很长时间才做到这点，也很后悔当初没有更早地学习如何使用这些工具。

16.1 跟随练习

如果你使用的是 Ubuntu 或 UNIX 系统，那么计算机中会自带 Bash。如果使用的是 Windows 系统，其自带的命令行接口叫做**命令提示符**（Command Prompt），本章中并没有用到。最新版的 Windows 10 操作系统中已经提供了 Bash。可以前往网页 http://theselftaughtprogrammer.io/windows10bash 了解如何在 Windows 10 操作系统中使用 Bash。

如果你的计算机是 Windows 操作系统，那么可以使用亚马逊的 AWS 服务创建一个运行 Ubuntu 的免费 Web 服务器。服务器的搭建很简单，而且 AWS 在编程圈子里使用也很广泛，因此对你来说这是非常有价值的经验。可以前往 http://theselftaughtprogrammer.io/aws 进行了解。

如果使用的是 Windows 操作系统，又不想搭建服务器，那么可以打开网页 http://theselftaughtprogrammer.io/bashapp，里面有一个 Web 应用的链接，可以模拟 Bash 的行为，用来跟随本章中的大部分练习示例。

接下来的两章中，可以使用 Windows 的命令操作符来完成练习示例。按下运行窗口键后，搜索 `Command Prompt` 即可打开。

16.2　找到 Bash

如果你使用的是 Ubuntu，可以点击名为搜索本地和在线资源的图标，搜索 `Terminal` 即可找到 Bash；如果你使用的是 Mac，则可通过 Spotlight 搜索查找 Bash，如图 16-1 所示。

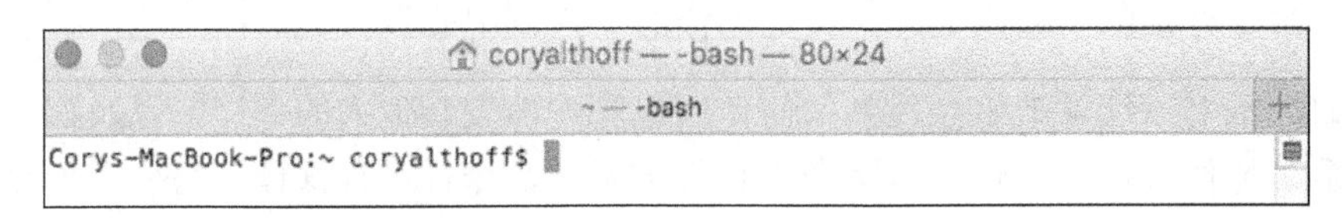

图 16-1　Bash

16.3　命令

Bash 与 Python 的 shell 类似，可以向其中输入命令（类似 Python 中的函数）。然后输入空格，以及传入命令的参数，按下回车键后，Bash 就会返回结果。`echo` 命令类似 Python 中的 `print` 函数。

在本书或其他编程文档中看到美元符号后面跟着一个命令时，就意味着需要在命令行输入命令。示例如下：

```
# http://tinyurl.com/junx62n
```

```
$ echo Hello, World!
```

```
>> Hello, World!
```

首先键入的是命令 echo，然后是一个空格符，以及参数 Hello, World!。按下回车之后，Bash 就会打印出 Hello, World!。

也可以从命令行直接使用 Python 等已经安装好的程序。输入命令 python3（在编写本书时，模拟 Bash 的 Web 应用还不支持 Python3。那么则输入 Python 使用 Python2）：

```
# http://tinyurl.com/htoospk

$ python3
```

现在可以执行 Python 代码了：

```
# http://tinyurl.com/jk2acua

print("Hello, World!")
```

```
>> Hello, World!
```

输入 exit() 可退出 Python。

16.4　最近命令

可通过上下箭头按键，查看在 Bash 中近期执行的命令。如需查看所有最近命令的列表，可使用命令 history 查看：

```
# http://tinyurl.com/go2spbt

$ history
```

```
>> 1. echo Hello, World!
```

16.5　相对路径与绝对路径

操作系统中包含各种目录和文件。**目录**（directory）是文件夹的另一种叫法。所有的目录和文件都有一个路径，即目录或文件在操作系统中的存放地址。在使用 Bash 时，其必然是会位于某个目录中。可使用命令 pwd［表示打印**工作目录**（working directory）］来打印当前所在的目录的名称：

```
# http://tinyurl.com/hptsqhp
```

```
$ pwd
```

```
>> /Users/coryalthoff
```

操作系统使用树状结构来表示其目录和目录位置。在计算机科学中，树状结构是一种非常重要的数据结构（本书第四部分会详细介绍）。在树状结构中，位于顶部的是根，根可以有多个分支，每个分支又可以拥有其他分支，以此类推，直至无穷。图 16-2 所示是一个表示操作系统中目录结构的树状结构示例：

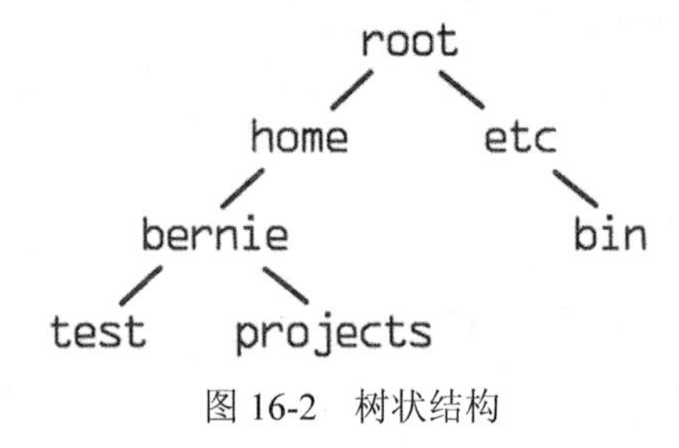

图 16-2 树状结构

树状结构的每个分支就是一个目录，包括根目录在内。该结构显示了目录之间是如何连接的。只要是在使用 Bash 时，就必然位于操作系统树状结构的某个位置。**路径**（path）就是表达该位置的一种方式。类 UNIX 操作系统中一个文件或目录的路径，有两种表示方式：**绝对路径**（absolute path）和**相对路径**（relative path）。

绝对路径提供的是从根目录开始的文件或目录的位置，由树结构中的目录名称组成，按照与根目录之间的距离从近至远依次用斜杠分隔。例如笔者的计算机中 `bernie` 目录的绝对路径（如图 16-2 所示）是 `/home/bernie`。第一个斜杠表示的是根目录，之后是 `home` 目录，然后是一个斜杠和 `bernie` 目录的名称。

表示目录在计算机中所处位置的另一种方法，是相对路径。相对路径是从当前工作目录开始，而非根目录。如果路径不是以斜杠开头，Bash 会明白使用的是相对路径。假设我们目前如上例中所示正位于图 16-2 所示的 `home` 目录下，`projects` 目录的相对路径则是 `bernie/projects`。如果我们位于 `home` 目录下，`bernie` 目录的相对路径就是 `bernie`。如果我们位于 `root` 目录下，`projects` 目录的相对路径则为 `home/bernie/projects`。

16.6 导航

将绝对路径或相对路径作为参数传给命令 `cd`，即可改变当前所在的目录。输入 `cd`

命令，在之后输入绝对路径/，前往操作系统的根目录。示例如下：

```
# http://tinyurl.com/hjgz79h

$ cd /
```

可通过命令 pwd 验证当前所在的位置：

```
# http://tinyurl.com/j6ax35s

$ pwd

>> /
```

ls 命令可打印当前工作目录下的所有目录和文件夹：

```
# http://tinyurl.com/gw4d5yw

$ ls

>> bin dev initrd.img lost+found ...
```

将希望创建的目录名称传给 mkdir 命令，即可新建目录。目录名称中不能有空格。前往 home 目录（~是类 UNIX 操作系统中 home 目录的快捷键），并使用 mkdir 命令创建一个名为 tstp 的新目录。示例如下：

```
# http://tinyurl.com/zavhjeq

$ cd ~
$ mkdir tstp
```

通过 ls 命令，验证新目录是否创建成功：

```
# http://tinyurl.com/hneq2f6

$ ls

>> tstp
```

接着，使用 cd 命令进入 tstp 目录。将 tstp 作为参数传给 cd 命令即可实现：

```
# http://tinyurl.com/zp3nb21

$ cd tstp
```

cd 命令后接两个英文句号，可以回到上一层目录：

```
# http://tinyurl.com/z2gevk2
```

```
$ cd ..
```

使用命令 rmdir 可删除目录。这里使用该命令删除 tstp 目录：

```
# http://tinyurl.com/jkjjo6s

% rmdir tstp
```

最后，通过 ls 命令验证是否成功删除目录：

```
# http://tinyurl.com/z32xn2n

$ ls
```

16.7　旗标

命令支持一个叫旗标（flag）的概念，可以改变命令的执行方式。旗标对于命令来说，是一些值为 True 或 False 的执行选项。一个命令的所有旗标默认置为 False。如果向命令中添加一个旗标，Bash 将把该旗标的值设为 True，命令的执行方式也会随之改变。在旗标的名称前面加一个（-）或两个连字符（--），即可将旗标置为 True。

例如，可在 ls 命令后加上旗标--author，并将 author 旗标设置为 True。加上该旗标后，ls 命令的执行方式将会改变，除了打印目录下所有的目录和文件之外，还将打印创建目录或文件的作者名字。

在 UNIX 系统中，需要在旗标前使用一个连字符：

```
# http://tinyurl.com/j4y5kz4

$ ls -author
```

```
>> drwx------+ 13 coryalthoff 442B Sep 16 17:25 Pictures
>> drwx------+ 25 coryalthoff 850B Nov 23 18:09 Documents
```

在 Linux 系统中，需使用两个连字符：

```
# http://tinyurl.com/hu9c54q

$ ls --author
```

```
>> drwx------+ 13 coryalthoff 442B Sep 16 17:25 Pictures
>> drwx------+ 25 coryalthoff 850B Nov 23 18:09 Documents
```

16.8 隐藏文件

操作系统和很多程序都会将数据保存在隐藏文件中。隐藏文件指的是默认不会展示给用户的文件，因为修改隐藏文件会影响依赖这些文件的程序。隐藏文件的名称以英文句点开头，如.hidden。在 ls 命令后加上旗标-a（表示所有文件），即可查看隐藏文件。touch 命令支持从命令行新建文件。

touch 命令可新建文件。这里使用该命令创建一个名为.self_taught 的隐藏文件：

```
# http://tinyurl.com/hfawo8t

$ touch .self_taught
```

使用命令 ls 和 ls -a 检查是否可以看到隐藏文件。

16.9 管道

在类 UNIX 操作性系统中，竖直线“|”被称为**管道**（pipe）。可使用管道将一个命令的输出，传入另一个命令作为输入。例如，可使用 ls 命令的输出，作为 less 命令的输入（需确保当前目录不是空目录）：

```
# http://tinyurl.com/zjne9f5

$ ls | less
```

```
>> Applications ...
```

执行结果是一个用 less 程序打开的文本文件，内容为 ls 命令的输出（按 q 退出 less 程序）。

16.10 环境变量

环境变量（environment variable）是保存在操作系统中的变量，程序可通过这些变量获取当前运行环境的相关数据，如运行程序的计算机的名称，或运行程序的用户的名称。使用语法 export [变量名]=[变量值]，即可在 Bash 中新建一个环境变量。如需在 Bash 中引用环境变量，必须在其名称前加一个美元符号。示例如下：

```
# http://tinyurl.com/jjbc9v2
```

```
$ export x=100
$ echo $x
```

```
>> 100
```

这样创建的环境变量只能存在于当前的 Bash 窗口。如果退出 Bash 之后再打开，输入 echo $x 将不会打印 100，因为环境变量 x 已经不存在了。

将环境变量添加到类 UNIX 操作系统使用的一个隐藏文件中，可使得环境变量持久存在。该隐藏文件位于 home 目录下，名为.profile。使用图形用户界面前往 home 目录。可在命令行输入 pwd ~，找到 home 目录的绝对路径。然后，使用文本编辑器创建一个名为.profile 的文件，在第一行输入 export x=100 并保存文件。之后，退出并重新打开 Bash，这时就能够打印环境变量 x 了。示例如下：

```
# http://tinyurl.com/j5wjwdf

$ echo $x
```

```
>> 100
```

只要.profile 文件中包含该变量，即可持久性地使用。从.profile 中移除相关内容，即可删除变量。

16.11　用户

操作系统支持多用户使用。用户指的是使用操作系统的人。每个用户都分配了用户名和密码，可用来登录和使用操作系统。每个用户还有对应的权限：能够执行的操作范围。使用命令 whoami 可打印操作系统用户的名称（本节的示例无法在 Windows 系统的 Bash 或 Web 应用上复现）：

```
1| $ whoami
```

```
>> coryalthoff
```

正常情况下，打印的就是在安装操作系统时所创建的用户。但该用户并不是操作系统中权限最高的用户。权限最高的用户被称为根用户。每个系统都有一个根用户，可以创建或删除其他用户。

由于安全原因，我们通常不会以根用户身份登录系统。在需要以根用户权限执行命令时，可在命令前加上 sudo（superuser do 的简称）。sudo 可在不影响操作系统安全性的前提下，让我们以根用户的身份执行命令。下面是通过 sudo 使用 echo 命令的示例：

```
$ sudo echo Hello, World!
```

```
>> Hello, World!
```

如果已经设置过密码，使用 sudo 时程序将要求你输入密码。sudo 会穿透那些保护操作系统的屏障，因此除非你自信命令不会损害操作系统，否则不要随便执行 sudo 命令。

16.12　了解更多

本章中只介绍了 Bash 的基础知识。如需了解更多，可访问 http://theselftaughtprogrammer.io/bash。

16.13　术语表

命令行接口：一种可以支持用户输入指令，由操作系统执行的程序。

命令行：命令行接口的另一个叫法。

Bash：大部分类 UNIX 操作系统都具备的命令行接口实现。

命令提示符：Windows 操作系统提供的命令行接口。

目录：文件夹的另一个叫法。

工作目录：当前所在的目录。

路径：表示目录或文件在操作系统中的存放地址的一种方式。

绝对路径：绝对路径提供的是从根目录开始的文件或目录的位置。

相对路径：相对路径是从当前工作目录开始，而非根目录。

管道：竖直线 `|`。可使用管道将一个命令的输出，传入另一个命令作为输入。

环境变量：操作系统和其他程序用来保存数据的变量。

$PATH：在 Bash 中输入该命令时，Bash 将从名为 `'$PATH'` 的环境变量所保存的所有目录中查到对应命令。

用户：使用操作系统的人。

权限：操作系统用户可以执行的操作范围。

根用户：在操作系统中拥有最高权限的用户。

16.14　挑战练习

1．在 Bash 中打印 `Self-taught`。

2．使用绝对路径和相对路径，从一个目录前往 `home` 目录。

3．创建一个名为`$python_projects` 的环境变量，其值为保存 Python 文件的目录的绝对路径。将变量保存在`.profile` 文件中，然后使用 `cd $python_projects` 命令进入该目录。

挑战练习源代码可从异步社区（www.epubit.com）本书详情页的配套资源中下载。

第17章

正则表达式

“代码胜于雄辩。”

——林纳斯·托瓦兹（Linus Torvalds）

许多编程语言和操作系统都支持**正则表达式**（regular expression）：定义搜索模式的一组字符串。正则表达式可用于检索文件或其他数据中是否存在指定的复杂模式。例如，可使用正则表达式匹配文件中所有的数字。本章将学习如何定义正则表达式，将其传入类 UNIX 操作系统以用来检索文件的 `grep` 命令。该命令会返回文件中与指定模式匹配的文本。我们还将学习在 Python 中使用正则表达式检索字符串。

17.1 初始配置

开始之前，先创建一个名为 `zen.txt` 的文件。在命令行中（确保位于 `zen.txt` 所在的目录）输入命令 `python3 -c "import this"`，这会打印出蒂姆·皮特斯（Tim Peters）写的诗 `The Zen of Python`（Python 之禅）：

Python 之禅

优美胜于丑陋
明了胜于晦涩
简洁胜于复杂
复杂胜于凌乱
扁平胜于嵌套
间隔胜于紧凑
可读性很重要

即便假借特例的实用性之名，也不可违背这些规则
不要包容所有错误，除非你确定需要这样做
当存在多种可能，不要尝试去猜测
而是尽量找一种，最好是唯一一种明显的解决方案
虽然这并不容易，因为你不是 Python 之父
做也许好过不做，但不假思索就动手还不如不做
如果你无法向人描述你的方案，那肯定不是一个好方案
命名空间是一种绝妙的理念，我们应当多加利用

旗标`-c`告诉 Python 传入的字符串中包含有 Python 代码。然后 Python 会执行传入的代码。Python 执行`import this`之后，将打印`The Zen of Python`（像上述这首诗一样隐藏在代码中的信息，也被称为**彩蛋**）。在 Bash 中输入`exit()`函数退出 Python，然后将诗的内容复制到文件`zen.txt`中。

在 Ubuntu 系统中，`grep`命令默认在输出时以红色字体打印匹配的文本，但是在 UNIX 系统中则不是这么做的。如果使用的是 Mac，可以通过在 Bash 中修改如下环境变量来改变该行为：

```
# http://tinyurl.com/z9prphe

$ export GREP_OPTIONS='--color=always'
$ export GREP_OPTIONS='--color=always'
```

要记住，在 Bash 中直接设置环境变量的方式是不持久的，如果退出 Bash，下次再打开时必须重新设置环境变量。因此，可将环境变量添加至`.profile`文件，使其持久存在。

17.2　简单匹配

`grep`命令接受两个参数：一个正则表达式和检索正则表达式中定义模式的文件路径。使用正则表达式进行最简单的模式匹配，就是简单匹配，即一个字符串匹配单词中相同的字符串。举个例子，在`zen.txt`文件所在的目录输入如下命令：

```
# http://tinyurl.com/jgh3x4c

$ grep Beautiful zen.txt
```

```
>> Beautiful is better than ugly.
```

上例中执行的命令里，第一个参数 Beautiful 是一个正则表达式，第二个参数 zen.txt 是检索正则表达式的文件。Bash 打印了 Beautiful is better than ugly. 这句话，其中 Beautiful 为红色，因为它是正则表达式匹配上的单词。

如果将上例中的正则表达式从 Beautiful 修改为 beautiful，grep 将无法匹配成功：

```
# http://tinyurl.com/j2z6t2r

$ grep beautiful zen.txt
```

当然，可以加上旗标-i 来忽略大小写：

```
# http://tinyurl.com/zchmrdq

$ grep -i beautiful zen.txt
```

```
>> Beautiful is better than ugly.
```

grep 命令默认打印匹配文本所在的整行内容。可以添加旗标-o，确保只打印与传入的模式参数相匹配的文本：

```
# http://tinyurl.com/zfcdnmx

$ grep -o Beautiful zen.txt
```

```
>> Beautiful
```

也可通过内置模块 re 在 Python 中使用正则表达式。re 模块提供了一个叫 findall 的方法，将正则表达式和目标文本作为参数传入，该方法将以列表形式返回文本中与正则表达式匹配的所有元素：

```
1  # http://tinyurl.com/z9q2286
2
3
4  import re
5
6
7  l = "Beautiful is better than ugly."
8
9
10 matches = re.findall("Beautiful", l)
11
12
13 print(matches)
```

```
>> ['Beautiful']
```

本例中 findall 方法只找到了一处匹配，返回了一个包含匹配结果[Beautiful]的列表。

将 re.IGNORECASE 作为第 3 个参数传入 findall，可以让其忽略大小写：

```
1  # http://tinyurl.com/jzeonne
2
3
4  import re
5
6
7  l = "Beautiful is better than ugly."
8
9
10 matches = re.findall("beautiful",
11                      l,
12                      re.IGNORECASE)
13
14
15 print(matches)
```

```
>> ['Beautiful']
```

17.3　匹配起始位置

我们还可以在正则表达式中加入特殊字符来匹配复杂模式，特殊字符并不匹配单个字符，而是定义一条规则。例如，可使用补字符号 ^ 创建一个正则表达式，表示只有模式位于行的起始位置时才匹配成功：

```
# http://tinyurl.com/gleyzan

$ grep ^If zen.txt
```

```
>> If the implementation is hard to explain, it is a bad idea.
>> If the implementation is easy to explain, it may be a good idea.
```

类似地，还可使用美元符号$来匹配结尾指定模式的文本行：

```
# http://tinyurl.com/zkvpc2r

$ grep idea.$ zen.txt
```

```
>> If the implementation is hard to explain, it is a bad idea.
>> If the implementation is easy to explain, it may be a good idea.
```

本例中，grep 忽略了 Namespaces are one honking great idea -- let us do more of those!这行，因为它虽然包含了单词 idea，但并不是以其结尾。

下例是在 Python 中使用补字符 ^ 的示例(必须传入 re.MULTILINE 作为 findall 的第 3 个参数，才能在多行文本中找到所有匹配的内容)：

```
1  # http://tinyurl.com/zntqzc9
2
3
4  import re
5
6
7  zen = """Although never is
8  often better than
9  *right* now.
10 If the implementation
11 is hard to explain,
12 it's a bad idea.
13 If the implementation
14 is easy to explain,
15 it may be a good
16 idea. Namespaces
17 are one honking
18 great idea -- let's
19 do more of those!
20 """
21
22
23 m = re.findall("^If",
24                zen,
25                re.MULTILINE)
26 print(m)
```

```
>> ['If', 'If']
```

17.4　匹配多个字符

将正则表达式的多个字符放在方括号中，即可定义一个匹配多个字符的模式。如果在正则表达式中加入[abc]，则可匹配 a、b 或 c。在下一个示例中，我们不再是直接匹配 zen.txt 中的文本，而是将字符串以管道形式传给 grep 进行匹配。示例如下：

```
# http://tinyurl.com/jf9qzuz

$ echo Two too. | grep -i t[ow]o
```

```
>> Two too
```

echo 命令的输出被作为输入传给 grep，因此不用再为 grep 指定文件参数。上述命令将 two 和 too 都打印出来，是因为正则表达式均匹配成功：第一个字符为 t，中间为 o 或 w，最后是 o。

Python 实现如下：

```
1  # http://tinyurl.com/hg9sw3u
2
3
4  import re
5
6
7  string = "Two too."
8
9
10 m = re.findall("t[ow]o",
11                string,
12                re.IGNORECASE)
13 print(m)
```

```
>> ['Two', 'too']
```

17.5　匹配数字

可使用[[:digit:]]匹配字符串中的数字：

```
# http://tinyurl.com/gm8o6gb

$ echo 123 hi 34 hello. | grep [[:digit:]]
```

```
>> 123 hi 34 hello.
```

在 Python 中使用\d 匹配数字：

```
1  # http://tinyurl.com/z3hr4q8
2
3
```

```
4 import re
5
6
7 line = "123?34 hello?"
8
9
10 m = re.findall("\d",
11                line,
12                re.IGNORECASE)
13
14
15 print(m)
```

```
>> ['1', '2', '3', '3', '4']
```

17.6　重复

星号符*可让正则表达式支持匹配重复字符。加上星号符之后，星号前面的元素可匹配零或多次。例如，可使用星号匹配后面接任意个 o 的 tw：

```
# http://tinyurl.com/j8vbwq8

$ echo two twoo not too. | grep -o two*
```

```
>> two
>> twoo
```

在正则表达式中，句号可匹配任意字符。如果在句号后加一个星号，这将让正则表达式匹配任意字符零或多次。也可使用句号加星号，来匹配两个字符之间的所有内容：

```
# http://tinyurl.com/h5x6cal

$ echo __hello__there | grep -o __.*__
```

```
>> __hello__
```

正则表达式__.*__可匹配两个下划线之间（包括下划线）的所有内容。星号是**贪婪匹配**（greedy），意味着会尽可能多地匹配文本。例如，如果在双下划线之间加上更多的单词，上例中的正则表达式也会匹配从第一个下划线到最后一个下划线之间的所有内容：

```
# http://tinyurl.com/j9v9t24

$ echo __hi__bye__hi__there | grep -o __.*__
```

```
>> __hi__bye__hi__
```

如果不想一直贪婪匹配，可以在星号后面加个问号，使得正则表达式变成**非贪婪模式**（non-greedy）。一个非贪婪的正则表达式会尽可能少地进行匹配。在本例中，将会在碰到第一个双下线后就结束匹配，而不是匹配第一个和最后一个下划线之间的所有内容。grep 并不支持非贪婪匹配，但是在 Python 中可以实现：

```
1  # http://tinyurl.com/j399sq9
2
3
4  import re
5
6
7  t = "__one__ __two__ __three__"
8
9
10 found = re.findall("__.*?__", t)
11
12
13 for match in found:
14     print(match)
```

```
>> __one__
>> __two__
>> __three__
```

我们可通过 Python 中的非贪婪匹配，来实现游戏 Mad Libs（本游戏中会给出一段文本，其中有多个单词丢失，需要玩家来补全）：

```
1  # http://tinyurl.com/ze6oyua
2
3  import re
4
5
6  text = """Giraffes have aroused
7   the curiosity of __PLURAL_NOUN__
8   since earliest times. The
9   giraffe is the tallest of all
10  living __PLURAL_NOUN__, but
11  scientists are unable to
12  explain how it got its long
13  __PART_OF_THE_BODY__. The
14  giraffe's tremendous height,
15  which might reach __NUMBER__
```

```
16  __PLURAL_NOUN__, comes from
17  it legs and __BODYPART__.
18 """
19
20
21 def mad_libs(mls):
22     """
23     :param mls: 字符串
24     双下划线部分的内容要由玩家来补充。
25     双下划线不能出现在提示语中，如不能
26     出现 __hint_hint__，只能是 __hint__。
27
28
29
30
31     """
32     hints = re.findall("__.*?__",
33                        mls)
34     if hints is not None:
35         for word in hints:
36             q = "Enter a {}".format(word)
37             new = input(q)
38             mls = mls.replace(word, new, 1)
39         print("\n")
40         mls = mls.replace("\n", "")
41         print(mls)
42     else:
43         print("invalid mls")
44
45
46 mad_libs(text)
```

```
>> enter a __PLURAL_NOUN__
```

本例中，我们使用 re.findall 匹配变量 text 中所有被双下划线包围的内容（每个均为玩家需要输入答案进行替代的内容），以列表形式返回。然后，对列表中的元素进行循环，通过每个提示来要求玩家提供一个新的单词。之后，创建一个新的字符串，将提示替换为玩家输入的词。循环结束后，打印替换完成后的新字符串。

17.7 转义

我们可以在正则表达式中对字符进行转义（忽略字符的意义，直接进行匹配）。在正则表达式中的字符前加上一个反斜杠\即可进行转义：

```
# http://tinyurl.com/zkbumfj

$ echo I love $ | grep \\$
```

```
>> I love $
```

通常情况下，美元符号的意思是出现在匹配文本行尾时才有效，但是由于我们进行了转义，这个正则表达式只是匹配目标文本中的美元符号。

Python 实现如下：

```
1  # http://tinyurl.com/zy7pr41
2
3
4  import re
5
6
7  line = "I love $"
8
9
10 m = re.findall("\\$",
11                line,
12                re.IGNORECASE)
13
14
15 print(m)
```

```
>> ['$']
```

17.8　正则工具

找到匹配模式的正则表达式是一件很困难的事。可前往 http://theselftaughtprogrammer.io/regex 了解有助于创建正则表达式的工具。

17.9　术语表

正则表达式：定义检索模式的字符串序列。

菜单：代码中隐藏的信息。

贪婪匹配：尽量多地匹配文本的正则表达式。

非贪婪匹配：尽可能少地进行文本匹配的正则表达式。

17.10　挑战练习

1．编写一个正则表达式，匹配《Python 之禅》（英文版）中出现的单词 `Dutch`。

2．编写一个正则表达式，匹配字符串 `Arizona 479、501、870. Carlifornia 209、213、650.` 中的所有数字。

3．编写一个正则表达式，匹配以任意字符开头，后面是两个 o 的单词。然后使用 Python 的 `re` 模块匹配 `The ghost that says boo huants the loo.` 出现的 boo 和 loo。

挑战练习源代码可从异步社区（www.epubit.com）本书详情页的配套资源中下载。

第 18 章

包管理器

"每名程序员都是作家。"

——塞坎·雷勒克（Sercan Leylek）

包管理器（package manager）是用来安装和管理其他程序的程序。之所以需要包管理器，是因为我们经常要使用其他程序来开发新的软件。例如，Web 开发者经常会用到 **Web 框架**，即协助构建网站的程序。程序员使用包管理器来安装 Web 框架和其他各种程序。本章将学习如何使用 Python 的包管理器 **pip**。

18.1 包

包（package）是"打包"好用来发布的软件，它包括组成实际程序的所有文件，以及相关的**元数据**（metadata）：有关软件名称、版本号和**依赖**（dependencies）等数据。依赖指的是程序正常运行时所需要依赖的程序。我们可使用包管理器下载并安装程序。包管理器会下载包相关的所有依赖程序。

18.2 pip

本节将学习如何使用 Python 的包管理器 pip 来下载 Python 程序包。使用 pip 下载好包后，可在 Python 程序中直接作为模块导入。首先，打开 Bash（如果是 Windows 系统，则打开命令提示符）检查计算机上是否安装了 pip，输入命令 `pip`：

```
# http://tinyurl.com/hmookdf

$ pip
```

```
>> Usage: pip <command> [options]
```

```
Commands:
install Install packages.
download Download packages. ...
```

输入 `pip` 命令后，Bash 应该会打印一系列的选项。在下载安装 Python 时，一般就会自带 pip，不过较早的 Python 版本没有。如果输入 pip 命令后没有任何输出，那说明计算机上没有安装 pip。这样的话，请前往 http://www.theselftaughtprogrrammer.io/pip，了解如何安装。

可使用语法 `pip install[包名称]` 安装新的程序包。默认会安装到一个叫 site-packages 的 Python 目录下。在网页 https://pypi.python.org/pypi 中可以查看所有可下载的 Python 包。有两种指定下载软件包的方式：指定包名称，或者包名称后面接两个等号 (==) 以及版本号。后者支持下载某个特定版本的包，而不是最新的版本。下面这个示例介绍了如何在 Ubuntu 和 UNIX 操作系统中安装用来创建网站的 Python 包——`Flask`：

```
# http://tinyurl.com/hchso7u

$ sudo pip install Flask==0.11.1
```

```
>> Password:
>> Successfully installed flask-0.11.1
```

在 Windows 操作系统中，需要以管理员权限使用命令行。在命令提示符图标上单击鼠标右键，选择以管理员权限运行。

然后在命令提示符中输入：

```
# http://tinyurl.com/hyxm3vt

$ pip install Flask==0.11.1
```

```
>> Successfully installed flask-0.11.1
```

通过上述命令，pip 将 `Flask` 模块安装在 site-packages 目录中。

现在，可以在程序中直接导入 `Flask` 模块。新建一个 Python 文件，添加如下代码并运行程序：

```
1 # http://tinyurl.com/h59sdyu
2
3
4 from flask import Flask
5
6
```

```
 7 app = Flask(__name__)
 8
 9
10 @app.route('/')
11 def index():
12     return "Hello, World!"
13
14
15 app.run(port='8000')
```

```
>> * Running on http://127.0.0.1:8000/ (Press CTRL+C to quit)
```

然后，在浏览器中打开 http://127.0.0.1:8000/，应该可以看到网页中出现“Hello, World!”字样，如图 18-1 所示。

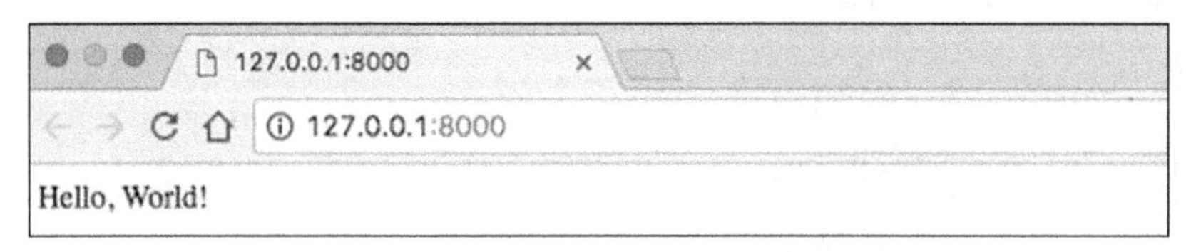

图 18-1 Hello, World!

Flask 模块可以让我们快速创建一个 Web 服务器和网站。前往 http://flask.pocoo.org/docs/0.11/tutorial 了解更多关于上述示例的介绍。

我们可使用命令 `pip freeze` 查看已经安装了哪些包：

```
# http://tinyurl.com/zxgcqeh

pip freeze
```

```
>> Flask==0.11.11
...
```

最后，可以使用 `pip uninstall [包名称]` 卸载程序。执行如下命令卸载 Flask：

```
# http://tinyurl.com/ht8mleo

pip uninstall flask.
...
```

```
>> Proceed (y/n)? y ...
```

18.3　虚拟环境

最后，我们最好将 Python 包安装在**虚拟环境**（virutal environment）中，而不是直接都安装在 site-packages 目录下。虚拟环境可以将不同编程项目所需的包分隔开来。可前往 http://docs.python-guide.org/en/latest/virtualenvs 了解更多有关虚拟环境的内容。

18.4　术语表

包管理器：安装和管理其他程序的程序。

Web 框架：协助构建网站的程序。

包："打包"用来发行的软件。

元数据：关于数据的数据。

依赖：程序正常运行所依赖的程序。

Apt-get：Ubuntu 操作系统提供的一个包管理器。

pip：Python 中的包管理器。

$PYTHONPATH：一个环境变量，Python 导入模块时将在该变量保存的目录列表中查找模块。

site-packages：位于$PYTHONPATH 的目录，pip 将包安装在该目录中。

PyPI：托管 Python 包的网站。

虚拟环境：可使用虚拟环境将不同编程项目所需的包分隔开来。

18.5　挑战练习

在 PyPI 上找一个包，并使用 pip 下载安装。

挑战练习源代码可从异步社区（www.epubit.com）本书详情页的配套资源中下载。

第 19 章

版本控制

"我拒绝做计算机能够胜任的事情。"

——奥林·施福尔（Olin Shivers）

软件开发是一个团队工作。与他人（或整个团队）一起进行某个项目的开发时，项目成员都需要对**代码库**（codebase）进行修改并保持同步。代码库就是组成软件的那些文件夹和文件。成员可以选择将变动通过邮件进行沟通，并自我合并不同的版本，但是这样做非常耗时耗力。

另外，如果有多个成员对项目的同一处进行了修改呢？如何判断该使用谁的修改？这些都是**版本控制系统**（version control system）致力于解决的问题。版本控制系统的设计初衷，就是帮助项目成员之间更好地进行协作。

Git 和 **SVN** 是两个流行的版本控制系统。通常，版本控制系统会与一个将软件保存在云端的服务共同使用。在本章中，我们会使用 Git 将软件放在 **GitHub** 上管理。

19.1 代码仓库

代码仓库（repository）是 Git 等版本控制系统创建的一种数据结构，用来记录编程项目中所有的变动。**数据结构**（data structure）是一种组织和保存信息的方式：字典和列表也是数据结构（本书第四部分将详细介绍数据结构）。代码仓库看上去和文件目录没有太大区别。我们将使用 Git 与记录项目变动的数据结构进行交互。

在处理由 Git 管理的项目时，通常会有多个代码仓库（每个项目成员一个）。项目成员在本地计算机上有一个**本地代码仓库**（local repository），记录自己对项目做的修改。同时还有一个托管在 Github 等类似网站的**中央代码仓库**（central repository），所有本地代码仓库要与其保持同步。项目成员可以将本地所做的修改更新到中央代码库，并将其他成员对中央代码库的修改同步到本地。如果你和其他程序员一起完成项目，项目配置大概如图 19-1 所示。

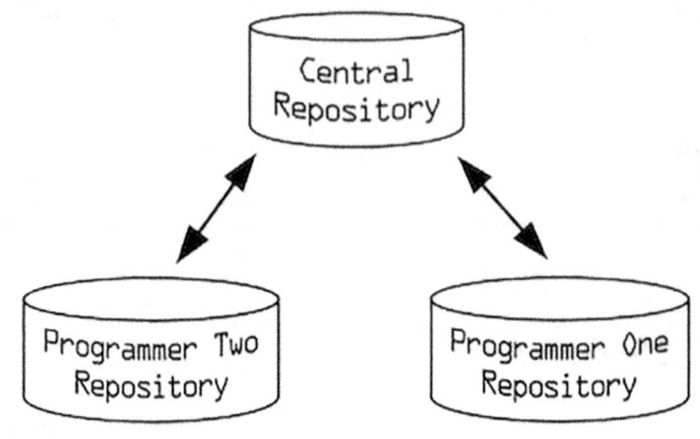

图 19-1　代码库示意

我们可以从 Github 的网站（或命令行）创建一个新的中央代码仓库。之后，即可使用 Git 创建一个可与之同步的本地代码仓库。

19.2　入门

如果 GitHub 调整了网站布局，本节中的说明有可能会与实际不太一致。如果出现这种情况，可以在 http://theselftaughtprogrammer.io/git 网页上查看最新的操作说明。在开始使用 GitHub 之前，我们需要打开 https://github.com/join 创建一个账号。之后登录账号，并点击屏幕右上角的+号按钮，即可在 Github 上创建新的代码仓库。在下拉菜单中点击 `New repository` 按钮，将仓库命名为 `hangman`，选择 `Public` 选项，并勾选 `Initialize the repository with a README`。最后，点击 `Create repository`。

接下来，点击右上角的头像并选择 Your profile 查看你的主页，如图 19-2 所示。

图 19-2　GitHub 主页示意

我们会看到新创建的代码仓库：hangman。点击该仓库，就会进入中央代码仓库的网站页面。在页面上，可以发现一个叫 Clone Or Download 的按钮。点击该按钮后，会看到一个链接。我们保存该链接。

在进行下一步之前，需要在本地安装 Git，安装步骤参考 https://www.git-scm.com/book/en/v2/Getting-Started-Installing-Git。

安装好之后，就可以在命令行中使用 Git。在命令行中输入 git 命令：

```
# http://tinyurl.com/gs9d5hf
$ git
```

```
>> usage: git [--version] [--help] [-C <path>] [-cname=value] ...
```

如果在本地看到类似上面的输出，说明已经成功安装了 Git。

现在，我们可以使用之前保存的链接，通过命令 git clone [仓库链接]将中央代码仓库下载到本地。下载的仓库会保存到输入命令时所在的位置。复制链接，并将其传给 git clone 命令：

```
# http://tinyurl.com/hvmq98m

$ git clone [仓库链接]
```

```
>> Cloning into 'hangman' ... remote: Counting objects: 3, done. remote:
Total 3 (delta 0), reused 0 (delta 0), pack-reused 0 Unpacking objects: 100% (3/3),
 done. Checking connectivity... done.
```

使用 ls 命令验证本地代码仓库是否下载成功：

```
# http://tinyurl.com/gp4o9qv

$ ls
>> hangman
```

此时应该会看到一个名为 hangman 的目录，这就是本地代码仓库。

19.3　推送和拉取

通过 Git 可以完成两件事情。第一件事是将本地所做的修改更新至中央代码仓库，也被称为**推送**（push）。第二件事是将中央代码仓库的新修改同步到本地，也被称为**拉取**（pull）。

命令 `git remote -v`（`-v` 是一个常用的旗标，用来打印详细信息）可打印本地代码仓库推送和拉取代码的目标 URL 链接。进入 hangman 目录，然后输入 `git remote` 命令：

```
# http://tinyurl.com/jscq6pj

$ cd hangman
$ git remote -v
```

```
>> origin [中央仓库链接]/hangman.git (fetch)
>> origin [中央仓库链接]/hangman.git (push)
```

输出的第一行是拉取数据的目标代码仓库 URL，第二行是推送数据的目标代码仓库 URL。通常，拉取和推送的目标仓库是相同的，因此两个 URL 也是相同的。

19.4 推送示例

本节将对在本地克隆的 hangman 代码仓库进行修改，然后将其推送到托管在 Github 上的中央代码仓库。

将本书第一部分挑战练习中完成的 Python 代码文件，移动到 hangman 目录。现在，本地代码仓库中有一个文件不存在于中央代码仓库，即没有与中央代码仓库保持同步。将本地的这一修改推送到中央代码仓库后，即可解决该问题。

推送修改到中央代码仓库共分 3 步。首先，**暂存**（stage）文件，告诉 Git 希望将哪个修改过的文件推送到中央代码仓库。

命令 `git status` 可以显示项目之于代码仓库的当前状态，方便我们决定暂存哪些文件。该命令会把本地代码仓库与中央代码仓库中存在差异的文件打印出来。取消文件暂存后，文件以红色字体显示。暂存的文件显示为绿色。要确保位于 hangman 目录，然后输入命令 `git status`：

```
# http://tinyurl.com/jvcr59w

$ git status
```

```
>> On branch master Your branch is up-to-date with 'origin/master'. Untracked files: (use "git add <file>..." to include in what will be committed)

hangman.py
```

现在 `hangman.py` 会以红色字体显示。使用命令 `git add[文件名]` 即可暂存文件：

```
# http://tinyurl.com/hncnyz9

$ git add hangman.py
```

现在通过命令 git status 确认已经暂存了该文件：

```
# http://tinyurl.com/jeuug7j

$ git status
```

```
>> On branch master Your branch is up-to-date with 'origin/master'. Changes to be committed: (use "git reset HEAD <file>..." to unstage)

new file: hangman.py
```

此时 hangman.py 变成了绿色字体，因为已经成功暂存。

使用语法 git reset[文件路径]即可取消暂存。取消暂存 hangman.py 的操作如下：

```
# http://tinyurl.com/hh6xxvw

$ git reset hangman.py.
```

通过 git status 命令确认文件已取消暂存：

```
>> On branch master Your branch is up-to-date with 'origin/master'. Untracked files: (use "git add <file>..." to include in what will be committed)

hangman.py
```

重新暂存文件：

```
# http://tinyurl.com/gowe7hp

$ git add hangman.py
$ git status
```

```
>> On branch master Your branch is up-to-date with 'origin/master'. Changes to be committed: (use "git reset HEAD <file>..." to unstage)

new file: hangman.py
```

将希望更新到中央代码仓库的文件暂存之后，就可以进行下一步：提交文件，即命令 Git 记录本地代码仓库所做的修改。可使用语法 git commit -m [信息]提交文件。该命令将创建一次**提交**（commit）：Git 保存的一个项目代码版本。旗标-m 表示要添加一段信息，帮助记忆对项目做了什么修改以及原因（这条信息类似注释）。下一步，就是将修改推送到 Github 上的中央代码仓库，在网站上可以看到提交的信息。代码如下：

```
# http://tinyurl.com/gmn92p6

$ git commit -m "my first commit"
```

```
>> 1 file changed, 1 insertion(+) create mode 100644 hangman.py
```

提交文件后，即可进行最后一步。可通过命令 `git push origin master`，将本地的修改推送到中央代码库：

```
# http://tinyurl.com/hy98yq9

$ git push origin master
```

```
>> 1 file changed, 1 insertion(+) create mode 100644 hangman.py Corys-MacBook-Pro:hangman coryalthoff$ git push origin master Counting objects: 3, done. Delta compression using up to 4 threads. Compressing objects: 100% (2/2), done. Writing objects: 100% (3/3), 306 bytes | 0 bytes/s, done, Total 3 (delta 0), reused 0 (delta 0) To https://github.com/coryalthoff/hangman.git f5d44da..b0dab51 master -> master
```

在命令行中输入用户名和密码后，Git 就会将本地修改推送至 Github。这时再前往 Github 的网站查看，就可以看到新推送的 `hangman.py` 和提交时输入的信息，如图 19-3 所示。

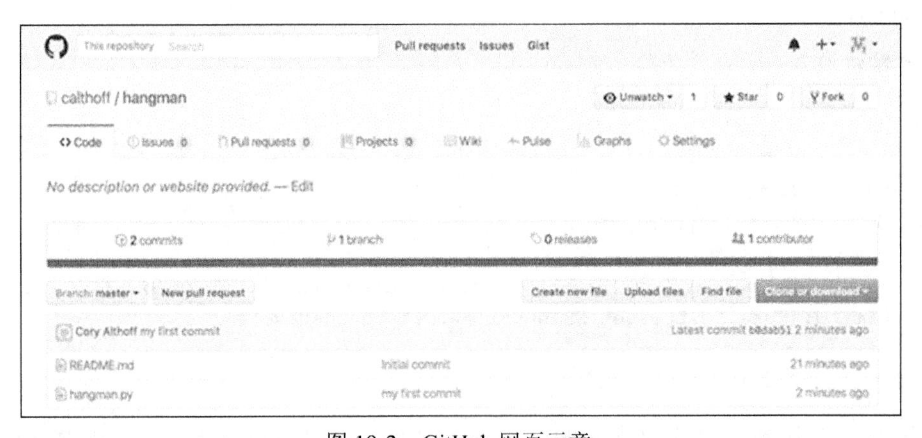

图 19-3　GitHub 网页示意

19.5　拉取示例

本节将拉取中央代码仓库的修改，来更新本地代码仓库。如果团队中程序员修改中央代码仓库之后，其他人都需要更新本地仓库获取修改。

前往中央代码仓库，点击按钮 Create new file，创建一个名为 `new.py` 的文件，然后点击按钮 Commit new file 提交该文件。这个文件目前没有在本地代码仓库中，因此本地代码仓库落后于中央代码仓库的版本。我们可以使用命令 `git pull origin master` 更新本地代码仓库：

```
# http://tinyurl.com/gqf2xue

$ git pull origin master
```

```
>> remote: Counting objects: 3, done. remote: Compressing objects: 100% (2/2), done.remote. Total 3 (delta 0), reused 0 (delta 0), pack-reused 0 Unpacking objects: 100% (3/3), done. From https://github.com/coryalthoff/hangman b0dab51..8e032f5 master -> origin/master Updating b0dab51..8e032f5 Fast-forward new.py | 1 + 1 file changed, 1 insertion(+) create mode 100644 new.py
```

Git 会把中央代码仓库的修改应用到本地。在中央代码仓库中创建的文件 `new.py` 现在会出现在本地代码仓库中。使用 `ls` 命令确认：

```
$ bash $ ls

>> README.md hangman.py new.py
```

19.6　回退版本

每次提交一个文件，Git 就会保存项目代码。通过 Git，我们可以回退到任意一次代码提交，即可以做到“倒带”。例如，可以将项目回退到上周所做的某一次提交时，所有的文件和目录都与上周提交时一模一样。之后，也可以立即跳转到更近期的某一次提交。每次提交都有一个**提交编号**：Git 用来标记提交的唯一一组字符串序列。

可使用命令 `git log` 查看项目的提交历史，该命令会打印出所有做过的提交：

```
# http://tinyurl.com/h2m7ahs

$ git log
```

```
>> commit 8e032f54d383e5b7fc640a3686067ca14fa8b43f
```

```
Author: Cory Althoff <coryedwardalthoff@gmail.com>
Date:   Thu Dec 8 16:20:03 2016 -0800

Create new.py
commit b0dab51849965144d78de21002464dc0f9297fdc
Author: Cory Althoff <coryalthoff@Corys-MacBook-Pro.local>
Date: Thu Dec 8 16:12:10 2016 -0800

my first commit
commit f5d44dab1418191f6c2bbfd4a2b2fcf74ef5a68f
Author: Cory Althoff <coryedwardalthoff@gmail.com>
Date: Thu Dec 8 15:53:25 2016 -0800 Initial commit
```

上例打印出了 3 次提交。第一次提交是在创建中央代码仓库时，第二次提交是将本地增加的 hangman.py 文件推送到了中央代码仓库；第三次则是创建文件 new.py。每次提交都有一个编号。将编号传入命令 git checkout 即可将项目切换到对应的提交版本。在本例中，通过命令 git checkout f5d44dab1418191f6c2bbfd4a2b2fcf74ef5a68f，我们可以将项目直接回退到刚开始创建时的模样。

19.7　diff

命令 git diff 可实现本地代码仓库与中央代码仓库之间文件的差别对比。在本地创建一个名为 hello_world.py 的新文件，然后在其中添加代码 print("Hello, World!")。

接着暂存该文件：

```
# http://tinyurl.com/h6msygd

$ git add hello_world.py
```

确保一切正常：

```
# http://tinyurl.com/zg4d8vd

$ git status
```

```
>> Changes to be committed: (use "git reset HEAD <file>..." to unstage) new file
: hello_world.py
```

然后提交：

```
# http://tinyurl.com/ztcm8zs
```

```
$ git commit -m "adding new file"
```

```
>> 1 file changed, 1 insertion (+) create mode 100644 hello_world.py
```

并将修改提交至中央代码仓库：

```
# http://tinyurl.com/zay2vct

$ git push origin master
```

```
>> Counting objects: 3, done. Delta compression using up to 4 threads.
Compressing objects: 100% (2/2), done. Writing objects: 100% (3/3), 383 bytes | 0
bytes/s, done. Total 3 (delta 0), reused 0 (delta 0) To https://github.com/
coryalthoff/hangman.git 8e032f5..6f679b1 master -> master
```

现在将代码 `print("Hello!")` 添加至本地代码仓库中 `hello_world.py` 文件的第二行。这样该文件就不同于中央代码仓库中的版本了。输入命令 `git diff` 查看差异：

```
# http://tinyurl.com/znvj9r8

$ git diff hello_world.py
```

```
>> diff --git a/hello_world.py b/hello_world.py index b376c99..83f9007 100644
--- a/hello_world.py +++ b/hello_world.py -1 +1,2 print("Print, Hello World!")
+print("Hello!")
```

Git 会将 `print("Hello!")` 用绿色字体显示，因为这是刚添加的代码。加法操作符（+）说明这行是新添加的。如果是移除代码，删除的代码会以红色字体显示，前面则会是减法操作符（-）。

19.8　下一步

本章中学习了最常用的 Git 功能。掌握这些基础后，建议大家继续学习分支和合并等更高级的功能，可前往 http://theselftaughtprogrammer.io/git 进行了解。

19.9　术语表

代码库：组成软件的目录和文件。

版本控制系统：旨在协助程序员与他人协作的程序。

Git：一款流行的版本管理系统。

SVN：一款流行的版本管理系统。

GitHub：一个将代码保存在云端的网站。

代码仓库：Git 等版本控制系统发明的一种数据结构，用来记录编程项目中的修改。

数据结构：组织和保存信息的方式。列表和字典都是数据结构。

本地代码仓库：位于本地电脑中的代码仓库。

中央代码仓库：托管在 GitHub 等网站的代码仓库，所有的本地代码仓库均需与其保持同步。

推送：将本地代码仓库的修改更新至中央代码仓库。

拉取：将中央代码仓库的修改更新至本地代码仓库。

暂存：告诉 Git 要将哪些有变动的文件推送到中央代码仓库。

提交：命令 Git 记录再代码仓库中所做的修改。

提交编号：Git 用来标识提交的字符串唯一序列。

19.10　挑战练习

在 GitHub 上创建一个新代码仓库。将目前挑战练习中完成的 Python 文件集中到本地的一个目录，然后将其推送到新的代码仓库。

第 20 章

融会贯通

“神话和传说的魔力在我们这一代成真。只要在键盘上敲下正确的咒语，显示屏就像是活了过来，里面都是以前不可能存在或发生的事情。”

——费德里克·布鲁克斯（Frederick Brooks）

本章中，我们将开发一个**网络爬虫**：从网站上提取数据的程序。成功之后，你将拥有从人类目前最大的信息存储地收集数据的能力。网络爬虫十分强大，开发起来又很简单，这也是我爱上编程的原因之一。我希望它也能吸引你的注意。

20.1 HTML

在开发网络爬虫之前，我们需要快速了解 HTML：超文本标记语言。HTML 是程序员开发网站时用到的最基本的语言之一，另外两个为 CSS 和 JavaScript。HTML 是赋予网站结构的语言，由浏览器用来布局页面的诸多标签组成。单纯使用 HTML 就可以打造一个完整的网站，不过无法做到互动与美观，因为其缺乏赋予网站活力的 JavaScript，以及赋予网站风格的 CSS。但是的的确确是一个网站。下例是仅展示文本 `Hello, World!` 的网站代码：

```
# http://tinyurl.com/jptzkvp


<!--This is a comment in HTML.
Save this file as index.html-->
<!-- http://tinyurl.com/h3bjuov -->


<html lang="en">
<head>
    <meta charset="UTF-8">
```

```
        <title>My Website</title>
    </head>
    <body>
        Hello, World!
        <a href="https://www.google.com/">
        click here</a>
    </body>
    </html>
```

将上述 HTML 代码保存至文件。然后点击该文件，用网页浏览器打开（可能需要右键，修改默认打开使用的程序）。之后，就可以看到一个内容为 `Hello, World!`的网站，其中还有一个前往 Google 的链接，如图 20-1 所示。

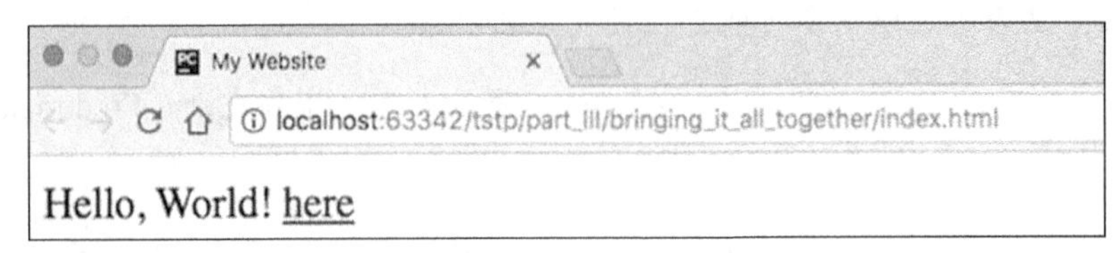

图 20-1　Google 链接

浏览器解析了 HTML 文件中包含的不同 **HTML 标签**来获取网站展示的内容。HTML 标签类似编程语言中的关键字，会告诉浏览器执行何种操作。大多数的标签都有起始标签，之间通常包含有文本。例如，浏览器将`<title></title>`中间的文本显示在选项卡中。标签中还可以嵌入其他标签，`<head></head>`标签中的内容都是关于网页的元数据，而`<body></body>`标签中的内容才是网站本身。`<a></a>`标签可以创建超链接。标签也可以承载数据。例如`<a>`标签中的 `href="https://www.google.com"`告诉浏览器链接到哪个网站。有关 HTML 的内容还有很多，但是了解上述内容之后我们就可以开发自己的第一个网络爬虫了。

20.2　爬取 Google 新闻

本节将开发一个能提取 Google 新闻页面 HTML 中所有`<a></a>`标签的网络爬虫，从而获取其中的所有新闻。Google 新闻通过这些标签，链接到页面中所有新闻的原发布页面。因此，除了部分额外的信息外，我们还需要收集 Google 新闻所展示的所有新闻链接。这里使用 `BeautifulSoup` 模块**解析**（parse）Google 新闻的 HTML 代码。解析指的是获取 HTML 等格式数据之后，使用编程语言进行结构化的处理。例如，将数据转化成对象。在开始之前，使用如下命令在 Ubuntu 和 UNIX 操作系统中安装 `BeautifulSoup` 模块：

```
# http://tinyurl.com/z4fzfzf

$ sudo pip install beautifulsoup4==4.4.1
```

```
>> Successfully installed beautifulsoup4-4.4.1
```

在 Windows 操作系统中则执行（以管理员权限打开命令行）：

```
# http://tinyurl.com/hk3kxgr

$ pip install beautifulsoup4==4.4.1
```

```
>> Successfully installed beautifulsoup4-4.4.1
```

Python 提供了一个支持处理网络链接的内置模块 `urllib`。将如下代码添加至新建的 Python 文件中：

```
1  # http://tinyurl.com/jmgyar8
2
3
4  import urllib.request
5  from bs4 import BeautifulSoup
6
7
8  class Scraper:
9      def __init__(self,
10                  site):
11         self.site = site
12
13
14     def scrape(self):
15         pass
```

`__init__`方法接受要爬取的网站作为参数。随后将传入 `https://news.google.com/`作为参数的值。`Scraper` 类中有一个名为 `scrape` 的方法，需要从传入的网站中爬取数据时则调用该方法。

补充如下代码至 `scrape` 方法：

```
1  # http://tinyurl.com/h5eywoa
2
3
4  def scrape(self):
5      r = urllib.request.urlopen(self.site)
6      html = r.read()
```

urlopen()函数将向网站发起请求，并返回包含 HTML 和其他数据的 Response 对象。response.read()返回 Response 对象中的 HTML 代码，并将其保存至变量 html 中。

现在可以解析 HTML 了。在 scrape 函数中添加一行代码，创建一个 BeautifulSoup 对象，传入 html 变量和字符串"html.parser"作为参数：

```
1  # http://tinyurl.com/hyjulxh
2
3
4  def scrape(self):
5      r = urllib.request.urlopen(self.site)
6      html = r.read()
7      parser = "html.parser"
8      sp = BeautifulSoup(html, parser)
```

解析的主要工作都将由 BeautifulSoup 对象完成。现在我们可以在 scrape 函数中加入代码，调用 BeautifulSoup 对象的 find_all 方法。传入"a"（让函数查找<a></a>标签）作为参数，该方法将返回下载的 HTML 中包含的所有网站链接：

```
1  # http://tinyurl.com/zwrxjjk
2
3
4  def scrape(self):
5      r = urllib.request.urlopen(self.site)
6      html = r.read()
7      parser = "html.parser"
8      sp = BeautifulSoup(html, parser)
9      for tag in sp.find_all("a"):
10         url = tag.get("href")
11         if url is None:
12             continue
13         if "html" in url:
14             print("\n" + url)
```

find_all 方法返回一个包含查找到的 tag 对象的可迭代对象。每执行一次 for 循环，就赋予变量 tag 一个新的 Tag 对象。每个 Tag 对象拥有许多不同的实例变量，但是目前只需要包含网站链接的 href 实例变量的值。调用 get 方法，并传入"href"作为参数即可获得该值。最后，确认变量 url 中确实存在数据，即其中包含"html"字符串（不需要内部链接）。如果包含数据，则打印 url。以下是网站爬虫的完整代码：

```
1  # http://tinyurl.com/j55s7hm
2
```

```
 3
 4  import urllib.request
 5  from bs4 import BeautifulSoup
 6
 7
 8  class Scraper:
 9      def __init__(self, site):
10          self.site = site
11
12
13      def scrape(self):
14          r = urllib.request.urlopen(self.site)
15          html = r.read()
16          parser = "html.parser"
17          sp = BeautifulSoup(html, parser)
18          for tag in sp.find_all("a"):
19              url = tag.get("href")
20              if url is None:
21                  continue
22              if "html" in url:
23                  print("\n" + url)
24
25
26  news = "https://news.google.com/"
27  Scraper(news).scrape()
```

执行上述程序后，应该会看到如下数据：

```
    https://www.washingtonpost.com/world/national-security/in-foreign-bribery-cases-
leniency-offered-to-companies-that-turn-over-employees/2016/04/05/d7a24d94-fb43-11e
5-9140-e61d062438bb_story.html

    http://www.appeal-democrat.com/news/unit-apartment-complex-proposed-in-marysvi
lle/article_bd6ea9f2-fac3-11e5-bfaf-4fbe11089e5a.html

    http://www.appeal-democrat.com/news/injuries-from-yuba-city-bar-violence-hospi
talize-groom-to-be/article_03e46648-f54b-11e5-96b3-5bf32bfbf2b5.html
```

我们已经成功收集了 Google 新闻页面中的头条链接，但是爬虫可做的事情远不止如此。我们还可以编写程序分析头条中使用最频繁的单词，分析头条的情感信息，并判断是否与股市存在相关性。掌握了网络爬虫能力之后，网络上的信息几乎可以任你采集。

20.3　术语表

网络爬虫：从网站中提取数据的程序。

HTML：赋予网站结构的一门编程语言。

HTML 标签：类似编程语言中的关键字，告诉浏览器执行某个操作。

解析：解析指的是获取 HTML 等格式数据之后，使用编程语言进行结构化的处理。

20.4　挑战练习

修改本章中开发的爬虫代码，将爬取的头条保存至文件中。

挑战练习源代码可从异步社区（www.epubit.com）本书详情页的配套资源中下载。

第四部分　计算机科学简介

本部分内容

第 21 章

数据结构

“我从心底认为，优秀的程序员与平庸的程序员之间的区别，是在于认为自己的代码重要还是数据结构更加重要。平庸的程序员眼里只有代码，优秀的程序员则关注数据结构及之前的关系。”

——林纳斯·托瓦兹（Linus Torvalds）

21.1 数据结构

数据结构（data structure）是用来存储和组织信息的一种形式，对于编程来说是至关重要的，大多数编程语言也都自带了数据结构。本书前面的章节已经介绍了如何使用 Python 中自带的列表、元组和字典等多个数据结构。本章将学习如何创建两个新的数据结构：栈和队列。

21.2 栈

栈（stack）是一种数据结构。与列表类似，我们可以向栈中添加或移除元素，但是不同的地方是，只能添加或移除最后一个元素。假设有一个列表[1, 2, 3]，我们可以移除其中任意一个元素。但是对于内含相同元素的栈，则只能移除其中最后一个元素 3。移除 3 之后，栈就变成了[1, 2]，这时只能移除 2。移除 2 之后，可以继续移除 1，这时栈变成了一个空栈。将元素从栈中移除，被称为**出栈**（popping）。如果将 1 放回栈中，则变成了[1]；再将 2 放回，则是[1, 2]。将元素放回栈中，被称为**入栈**（pushing）。这种最后一个放入的元素被第一个取出的数据结构，也被称为**先进后出**（LIFO）型数据结构。

可以将 LIFO 数据结构想象为一堆盘子。如果将 5 个盘子堆在一起，必须将上方的所有的盘子移除之后，才能拿到底部的盘子。栈中每个数据元素，就好像一个盘子，若要获取该数据，则必须将在其顶部的数据全部移除。

本节中我们将编写一个栈。Python 语言中有一个库已经包含了本章要介绍的两个数据结构，但是自己从头实现有助于理解背后的原理。栈有 5 个方法：is_empty、push、pop、peek 和 size。如果栈为空，is_empty 返回 True，反之则返回 False。push 向栈的顶部添加一个元素；pop 从顶部移除一个元素；peek 返回顶部的元素，但不会将其移除；size 返回一个表示栈中元素数量的整型数。下面是用 Python 实现的栈：

```
1  # http://tinyurl.com/zk24ps6
2
3
4  class Stack:
5      def __init__(self):
6          self.items = []
7
8
9      def is_empty(self):
10         return self.items == []
11
12
13     def push(self, item):
14         self.items.append(item)
15
16
17     def pop(self):
18         return self.items.pop()
19
20
21     def peek(self):
22         last = len(self.items)-1
23         return self.items[last]
24
25
26     def size(self):
27         return len(self.items)
```

新创建的栈是空的，is_empty 方法将返回 True：

```
1  # http://tinyurl.com/jfybm4v
2
3
4  stack = Stack()
5  print(stack.is_empty())
```

```
>> True
```

向栈中添加新元素后，is_empty 返回的则是 False：

```
1  # http://tinyurl.com/zsexcal
2
3
4  stack = Stack()
5  stack.push(1)
6  print(stack.is_empty())
```

```
>> False
```

调用 pop 方法从栈中移除一个元素，is_empty 方法的返回值又变成了 True：

```
1  # http://tinyurl.com/j72kswr
2
3
4  stack = Stack()
5  stack.push(1)
6  item = stack.pop()
7  print(item)
8  print(stack.is_empty())
```

```
>> 1
>> True
```

最后，我们查看栈的内容并打印其大小：

```
 1  # http://tinyurl.com/zle7sno
 2
 3
 4  stack = Stack()
 5
 6
 7  for i in range(0, 6):
 8      stack.push(i)
 9
10
11  print(stack.peek())
12  print(stack.size())
```

```
>> 5
>> 6
```

21.3　使用栈逆转字符串

栈可用来逆转可迭代对象，因为所有放入栈中的元素都会逆序取出。本节中，我们将尝试解决一个常见的编程面试问题——使用栈逆转字符串，即将字符串中的字符依次放入栈，然后再取出。示例如下：

```
1  # http://tinyurl.com/zoosvqg
2
3
4  class Stack:
5      def __init__(self):
6          self.items = []
7
8
9      def is_empty(self):
10         return self.items == []
11
12
13     def push(self, item):
14         self.items.append(item)
15
16
17     def pop(self):
18         return self.items.pop()
19
20
21     def peek(self):
22         last = len(self.items)-1
23         return self.items[last]
24
25
26     def size(self):
27         return len(self.items)
28
29
30 stack = Stack()
31 for c in "Hello":
32     stack.push(c)
33
34
35 reverse = ""
36
37
```

```
38  for i in range(len(stack.items)):
39      reverse += stack.pop()
40
41
42  print(reverse)
```

```
>> olleH
```

首先，将字符串"Hello"中的每个字符串放入栈。然后遍历创建的栈，取出栈中的元素并放入遍历 reverse。遍历完成后，原来的单词就被逆序了，程序的打印结果为 olleH。

21.4 队列

队列（queue）也是一种数据结构。与列表也很相像，可以从中添加和移除元素。队列与栈也有类似的地方，因为只能按照特定的顺序添加和移除元素。与栈不同的是，队列是一个**先进先出**（FIFO）的数据结构：第一个添加的元素也是第一个移除的元素。

可以将 FIFO 数据结构想象成一队等待购买电影票的人。队伍中的第一个人是第一个买到票的，第二个人是第二个买到票的，以此类推。

本节中，我们将编写拥有 4 个方法的队列：enqueue、dequeue、is_empty 和 size。enqueue 向队列中添加一个新元素；dequeue 从队列中移除一个元素；is_empty 检查队列状态，队列为空时返回 True，反之则返回 False；size 返回队列中元素的数量。示例如下：

```
1   # http://tinyurl.com/zrg24hj
2
3
4   class Queue:
5       def __init__(self):
6           self.items = []
7
8
9       def is_empty(self):
10          return self.items == []
11
12
13      def enqueue(self, item):
14          self.items.insert(0, item)
15
16
```

```
17      def dequeue(self):
18          return self.items.pop()
19
20
21      def size(self):
22          return len(self.items)
```

如果新建一个空队列，`is_empty` 方法返回 `True`：

```
1 # http://tinyurl.com/j3ck9jl
2
3
4 a_queue = Queue()
5 print(a_queue.is_empty())
```

```
>> True
```

向队列中添加元素，然后检查队列的大小：

```
 1 # http://tinyurl.com/jzjrg8s
 2
 3
 4 a_queue = Queue()
 5
 6
 7 for i in range(5):
 8     a_queue.enqueue(i)
 9
10
11 print(a_queue.size())
```

```
>> 5
```

依次移除队列中的元素：

```
 1 # http://tinyurl.com/jazkh8b
 2
 3
 4 a_queue = Queue()
 5
 6
 7 for i in range(5):
 8     a_queue.enqueue(i)
 9
10
11 for i in range(5):
12     print(a_queue.dequeue())
```

```
13
14
15  print()
16
17
18  print(a_queue.size())
```

```
>> 0
>> 1
>> 2
>> 3
>> 4
>>
>> 0
```

21.5 购票队列

队列可模拟等待购买电影票的队伍，示例如下：

```
 1  # http://tinyurl.com/jnw56zx
 2
 3
 4  import time
 5  import random
 6
 7
 8  class Queue:
 9      def __init__(self):
10          self.items = []
11
12
13      def is_empty(self):
14          return self.items == []
15
16
17      def enqueue(self, item):
18          self.items.insert(0, item)
19
20
21      def dequeue(self):
22          return self.items.pop()
23
24
25      def size(self):
```

```
26            return len(self.items)
27
28
29        def simulate_line(self, till_show, max_time):
30            pq = Queue()
31            tix_sold = []
32
33
34            for i in range(100):
35                pq.enqueue("person" + str(i))
36
37
38            t_end = time.time() + till_show
39            now = time.time()
40            while now < t_end and not pq.is_empty():
41                now = time.time()
42                r = random.randint(0, max_time)
43                time.sleep(r)
44                person = pq.dequeue()
45                print(person)
46                tix_sold.append(person)
47
48
49            return tix_sold
50
51
52    queue = Queue()
53    sold = queue.simulate_line(5, 1)
54    print(sold)
```

```
>> person0
...
>> ['person0', 'person1', 'person2']
```

首先，我们创建了一个名为 `simulate_line` 的函数，模拟向队伍出售电影票的场景。该函数接受两个参数：`till_show` 和 `max_time`。第一个参数是整型数，表示离电影开始还有多少秒，是否还能买票；第二个参数也是整型数，表示排队购票最长需要花多少秒。

在函数中，我们创建一个新的空队列和一个空列表。列表用来记录哪些人购买了电影票。接下来，向队列中添加 100 个字符串，从 `person0` 开始直到 `person99` 结束。队列中的每个字符串表示一个正在排队等待购票的人。

内置的 `time` 模块中有一个叫 `time` 的函数，返回自 1970 年 1 月 1 日（Epoch）以来所流逝的时间（秒）。如果现在调用 `time` 函数，返回的结果将会是 `1481849664.256039`。一秒后再次调用的话，函数返回的值将会递增 `1`。

变量 `t_end` 将 `time` 函数的结果，与 `till_show` 变量中保存的秒数相加，表示未来的一个时间点。

只有 `time` 函数返回的结果大于 `t_end` 的值或者队列为空，`while` 循环才会停止运行。

接下来，使用内置模块 `time` 中的 `sleep` 函数，让 Python 在 `0` 至 `max_time` 这段随机确定的时间内，不做任何操作。这样是为了模拟售票所需要的时间。Python 停止运行的时间是随机的，可以模拟出每张票出售所花的时间是不同的。

之后，从队列中移除一个字符串，将其放入 `tix_sold` 列表中，表示这个人已经成功购票。

代码最终的结果，是一个模拟售票的函数，根据传入的参数和随机概率出售电影票。

21.6 术语表

数据结构：用来存储和组织信息的一种形式。

出栈：从栈中移除元素。

入栈：向栈中添加元素。

先进后出数据结构：最后放入的元素最先取出的一种数据结构。

LIFO：先进后出。

栈：一种先进后出的数据结构。

先进先出数据结构：最先放入的元素最先取出的一种数据结构。

FIFO：先进先出。

队列：一种先进先出的数据结构。

Epoch：一个用作参照的特定时间点。

21.7　挑战练习

1．使用栈对字符串"yesterday"进行逆序。

2．使用栈创建一个新列表，将如下列表中的元素逆序排列：[1, 2, 3, 4, 5]。

挑战练习源代码可从异步社区（www.epubit.com）本书详情页的配套资源中下载。

第 22 章

算法

“算法，就像一张菜谱。”

——瓦辛 · 拉提夫（Waseem Latif）

本章将简要介绍算法。**算法**（algorithm）是解决问题的一系列步骤。问题的类型多种多样，从列表检索到打印歌词都可以用算法解决。

22.1 FizzBuzz

本节中，我们来学习如何应对面试中经常会问到的问题——FizzBuzz。

编写一个程序，打印从 1 到 100 之间的数字。碰到 3 的倍数时，不打印数字，而是打印"Fizz"；碰到 5 的倍数时，则打印"Buzz"；如果是 3 和 5 共同的倍数，则打印"FizzBuzz"。

为了解决该问题，我们需要检查某个数字是否是 3、5 或二者共同的倍数。如果数字是 3 的倍数，那么将其除以 3，不会有余数。5 的倍数也适用该原则。取模运算符%的返回结果为余数。遍历 1 到 100 之间的数字，并检查每个数字是否能被 3、5 整除，或者能否被两个数字同时整除：

```
1  # http://tinyurl.com/jroprmn
2
3
4  def fizz_buzz():
5      for i in range(1, 101):
6          if i % 3 == 0 and i % 5 == 0:
7              print("FizzBuzz")
8          elif i % 3 == 0:
9              print("Fizz")
10         elif i % 5 == 0:
```

```
11 |            print("Buzz")
12 |        else:
13 |            print(i)
14 |
15 |
16 | fizz_buzz()
```

```
>> 1
>> 2
>> Fizz
...
```

首先，遍历 1 到 100 之间的数字，检查是否能被 3 和 5 整除。第一步很重要，因为如果数字能被 3 和 5 同时整除，就需要打印"FizzBuzz"，并进入下一次循环。如果第一步去检查数字能否被 3 或 5 中的一个数字整除，我们无法确定是打印"Fizz"还是"Buzz"，因为数字有可能被 3 和 5 同时整除，这时只打印"Fizz"或"Buzz"就是错误的，应该打印"FizzBuzz"。

接下来两个检查的顺序就容易多了，因为我们已经确认数字无法被 3 和 5 同时整除。如果数字可以被 3 或 5 整除，则可以对应地打印"Fizz"或"Buzz"。如果数字均不满足前面所列的 3 个条件，那就是不能被 3 和 5 整除，这时直接打印数字。

22.2　顺序搜索

搜索算法（search algorithm）用来在列表等数据结构中查找信息。**顺序搜索**（sequential search）是一种简单的搜索算法，依次检查数据结构中的每个元素，判断其是否与查找的元素相匹配。

如果你玩过纸牌游戏，想在牌堆中找一张特定的牌，那很可能是通过顺序搜索进行查找。你会将牌堆中的每张牌依次检查一遍，如果不是要找的牌，则会继续查看下一张。找到希望的牌之后，你会停止查找。如果将牌堆中所有的牌都检查完后，也没有发现希望的牌，那么也会停止查找，因为你会发现牌根本就不在牌堆里。下面是用 Python 实现的一个顺序搜索示例：

```
1 | # http://tinyurl.com/zer9esp
2 |
3 |
4 | def ss(number_list, n):
5 |     found = False
6 |     for i in number_list:
7 |         if i == n:
```

```
8            found = True
9            break
10       return found
11
12
13   numbers = range(0, 100)
14   s1 = ss(numbers, 2)
15   print(s1)
16   s2 = ss(numbers, 202)
17   print(s2)
```

```
>> True
>> False
```

首先，将变量 found 设置为 False，用来记录算法是否找到了目标数字。然后，遍历列表中的每个数字，检查是否为目标数字。如果是，则将 found 置为 True，退出循环，并返回变量 found。

如果没有找到目标数字，则继续检查列表中的下一个数字。如果遍历完列表中所有元素，则返回变量 found。这时，found 的值将为 False，因为目标数字不在列表中。

22.3　回文词

回文词（palindrome）指的是逆序和正序拼写得出的单词都相同的词。我们可以写一个算法检查单词是否是回文词，只需要将单词中所有的字符逆序，并检查逆序后的单词是否与原本的单词相同即可实现。如果两个单词一模一样，那么该单词就是回文词：

```
1   # http://tinyurl.com/jffr7pr
2
3
4   def palindrome(word):
5       word = word.lower()
6       return word[::-1] == word
7
8
9   print(palindrome("Mother"))
10  print(palindrome("Mom"))
```

```
>> False
>> True
```

lower 方法将要检查的单词中所有大写字符调整为小写。在 Python 中，M 和 m 是不同的字符，但是我们希望将二者视为相同的字符。

代码 word[::-1] 可将单词逆序。[::-1] 是 Python 中逆序返回可迭代对象的切片的语法。将单词逆序后，才能与原单词进行对比。如果两个单词相同，函数返回 True，因为该单词为回文词。如果不相同，则返回 False。

22.4　变位词

变位词（anagram）是通过重新组合另一个单词的字母所组成的单词。iceman 就是 cinema 的一个变位词，因为我们可以对任意一个单词的字母进行重新排序，从而得到另一个单词。因此，通过将两个单词的字母按字母顺序进行排序，检查二者是否一致，就可以判断它们是不是变位词：

```
1  # http://tinyurl.com/hxplj3z
2
3
4  def anagram(w1, w2):
5      w1 = w1.lower()
6      w2 = w2.lower()
7      return sorted(w1) == sorted(w2)
8
9
10 print(anagram("iceman", "cinema"))
11 print(anagram("leaf", "tree"))
```

```
>> True
>> False
```

首先，对两个单词调用 lower 方法，避免大小写影响算法的结果。然后，将它们传入 Python 的 sorted 方法。该方法会返回一个以字母顺序排序的结果。最后，比较这两个返回值，如果相同，则算法返回 True；反之则返回 False。

22.5　计算字母频数

本节将写一个返回单词中每个字母出现次数的算法。该算法将遍历字符串中的每个字符，用字典记录每个字母出现的次数：

```
1  # http://tinyurl.com/zknqlde
2
3
4  def count_characters(string):
5      count_dict = {}
```

```
 6        for c in string:
 7            if c in count_dict:
 8                count_dict[c] += 1
 9            else:
10                count_dict[c] = 1
11        print(count_dict)
12
13
14    count_characters("Dynasty")
```

```
>> {'D': 1, 't': 1, 'n': 1, 'a': 1, 's': 1, 'y': 2}
```

在该算法中，我们遍历参数 string 中的每个字母，如果字母已经存在字典 count_dict 中，则将其对应的值递增 1。

不在的话，则将字母添加到字典中，并将对应的值置为 1。for 循环执行结束之后，count_dict 将包含字符串中每个字母的键值对。每个键的值就是字符串中该字母所出现的次数。

22.6 递归

递归（recursion）是将问题不断切分成更小的问题，直到小问题可以轻松解决的一种方法。目前，我们已经学习了使用**迭代式算法**（iterative algorithm）来解决问题。这种算法通常是使用循环不断地重复一个步骤来解决问题。**递归式算法**（recursive algorithm）则是通过调用自身的函数来实现。任何可以迭代式解决的问题，都可以递归式地解决；但是，有时候递归算法是更加优雅的解决方案。

我们通过函数来实现递归算法。这个函数必须要有一个**终止条件**（base case)：一个终止递归算法，结束运行的条件。在函数内部，它会调用自身。每次函数调用自己的时候，会离终止条件越来越近。最终会满足终止条件，这时问题也得到了解决，函数停止调用自己。遵循这些规则的算法，要满足递归的 3 个条件。

1．递归算法必须有终止条件。

2．递归算法必须改变自己的状态，不断靠近终止条件。

3．递归算法必须递归地不断调用自己。

下面是一个递归算法，可以打印流行歌曲《墙上的 99 瓶啤酒》(99 Bottles of Beer on the Wall）的歌词：

```python
1  # http://tinyurl.com/z49qe4s
2
3
4  def bottles_of_beer(bob):
5      """ Prints 99 Bottle
6          of Beer on the
7          Wall lyrics.
8          :param bob: Must
9          be a positive
10         integer.
11     """
12     if bob < 1:
13         print("""No more
14                bottles
15                of beer
16                on the wall.
17                No more
18                bottles of
19                beer.""")
20         return
21     tmp = bob
22     bob -= 1
23     print("""{} bottles of
24            beer on the
25            wall. {} bottles
26            of beer. Take one
27            down, pass it
28            around, {} bottles
29            of beer on the
30            wall.
31          """.format(tmp,
32                     tmp,
33                     bob))
34     bottles_of_beer(bob)
35
36
37
38
39 bottles_of_beer(99)
```

```
>> 99 bottles of beer on the wall. 99 bottles of beer. Take one down, pass it around, 98 bottles of beer on the wall. 98 bottles of beer on the wall. 98 bottles of beer.
Take one down, pass it around, 97 bottles of beer on the wall.
...
```

```
No more bottles of beer on the wall. No more bottles of beer.
```

本例中，递归的第一个原则通过如下终止条件满足了：

```
1  # http://tinyurl.com/h4k3ytt
2
3
4  if bob < 1:
5      print("""No more
6            bottles
7            of beer
8            on the wall.
9            No more
10           bottles of
11           beer.""")
12       return
```

变量 bob 的值小于 1 时，函数返回并停止调用自身。

bob -= 1 满足了递归的第二个原则，因为递减变量 bob 的值将使其不断接近终止条件。本例中，我们传入了数字 99 作为函数的参数。变量 bob 的值小于 1 时，满足终止条件，函数每调用一次自身，就离终止条件更近一步。

递归的最后一个原则也满足了：

```
1  # http://tinyurl.com/j7zwm8t
2
3
4  bottles_of_beer(bob)
```

上面这行代码确保只要没有满足终止条件，函数将继续调用自身。每次调用后，会将已经递减 1 的变量 bob 传入作为参数，因此每次都会接近终止条件。第一次调用自身时，传入的 bob 参数的值为 98，然后是 97、96，直到最后传入小于 1 的值，这时就满足了终止条件，打印的内容为 No more bottles of beer on the wall. No more bottles of beer。然后函数执行 return 关键字，算法停止运行。

递归是新手程序员最难理解的概念之一。如果你还感到疑惑，建议不断练习，并牢记：要想理解递归；首先，必须不断练习递归。

22.7 术语表

算法：算法是解决问题的一系列步骤。

搜索算法：在数据结构中查找信息的一种算法。

顺序搜索：一种简单的搜索算法，依次检查数据结构中的每个元素，判断其是否与查找的元素相匹配。

回文词：逆序和顺序拼写均为同一个单词的单词。

变位词：通过重新组合另一个单词的字母所组成的单词。

递归：将问题不断切分成更小的问题，直到小问题可以被轻松解决的一种方法。

迭代式算法：迭代式算法使用循环不断地重复一个步骤来解决问题。

递归式算法：通过调用自身的函数来解决问题的算法。

终止条件：终止递归算法运行的条件。

22.8 挑战练习

在 http://leetcode.com 注册一个账号，并解决 3 个初级算法问题。

第五部分 找到工作

本部分内容

第 23 章

最佳编程实践

“写代码时，每次都要告诉自己：最后负责维护代码的，会是一个知道你住在哪的变态暴力狂。”

——约翰·伍德（John Woods）

生产代码（production code）是用户使用的产品中的代码。将软件部署到**生产环境**（production）后，就意味着用户可以公开访问了。本章将介绍几个普遍的编程原则，有助于大家编写可部署于生产环境的代码。这些原则大多源自《The Pragmatic Programmer》这本书，读完这本书后我的代码质量大幅提升。

23.1 写代码是最后的手段

作为一名软件工程师，你在工作时应尽量少写代码。碰到问题时，你首先想到的不应该是“我怎么解决这个问题”，而是“其他人是不是已经解决了这个问题，我能使用他们的方案吗？”如果你自己去解决一个常见的问题，很有可能别人已经有了解决方案。先在网上检索解决办法，只有在确定没人解决过该问题之后，才开始自己动手解决。

23.2 DRY

DRY 是不要重复自己（Don’t Repeat Yourself）的简称，指的是不要在程序中编写重复的或是基本相同的代码。正确的做法是将代码封装至函数中，后续可重复使用。

23.3 正交性

正交性（Orthogonality）是《The Pragmatic Programmer》中提倡并普及的另一个重

要编程原则。亨特和托马斯认为，“该术语已经被用来表示某种独立性或解耦化。如果两个或多个事物之间的变化不会相互影响，那么它们之间就存在正交性。在设计优良的系统中，数据库代码与用户界面之间是正交的；调整用户界面不会影响数据库，替换数据库也不会改变用户界面。”实践中请牢记，“A 不应该影响 B”。假设我们有两个模块 module_a 和 module_b，module_a 不应对 module_b 中的内容进行修改，反之亦然。如果设计的系统中 A 会影响到 B，而 B 又影响 C，很快就会失去控制，系统将变得无法管理。

23.4　每个数据都只应保存在一处

假设手上有一个数据，我们只需要将其存储在一个地方。例如，我们正在开发用来处理手机号码的软件，其中有两个函数要使用地区编号的列表，这里要确保程序中只有一个地区编号列表，而不是为每个函数重复创建。正确的做法是创建一个保存地区编号的全局变量。更好的解决方案则是将信息保存在文件或数据库中。

23.5　函数只做一件事

我们写的每个函数应该只做一件事。如果发现函数太长，请检查其是否在完成多个任务。将函数限制为只完成一个任务有很多好处。首先，代码可读性增强，因为函数名称可以直接说明其功能。如果代码出错，调试也将更加方便，因为每个函数只负责一个特定的任务，我们可以快速隔离并调试问题函数。用许多知名程序员的话来说：“软件的复杂性大多源自试图两件事当一件事做。”

23.6　若耗费时间过长，你的做法很可能就是错的

如果你不是在处理非常复杂的问题，比如处理大数据，但是程序却要花很长时间才能加载，这时可以认为你的做法很有可能错了。

23.7　第一次就要用最佳的方法完成

在编程时你可能会这样想：“我知道有一个更好的做法，但是我已经开始编码了，不想回头重写。”那我建议你停止编码，改用更好的方法来完成。

23.8 遵循惯例

学习新编程语言的惯例，能够提升阅读用该语言编写的代码的速度。PEP8 是一系列编写 Python 代码的指南，强烈建议阅读，可前往 https://www.python.org/dev/peps/pep-0008/查看。

23.9 使用强大的 IDE

到目前为止，我们一直使用的是 Python 自带的 IDE——IDLE 来编码。但是 IDLE 只是众多可选 IDE 中的一个，而且我也不推荐长期使用它，因为其功能有限。例如，如果使用更强大的 IDE 打开 Python 项目，每个 Python 文件都会有不同的选项卡。在 IDLE 中则是每个文件新开一个窗口，操作烦琐且文件之间来回切换困难。

笔者使用 JetBrains 公司开发的一款名为 PyCharm 的 IDE。他们提供了免费版和专业版两个版本，这款 IDE 有如下特性能够帮助我们节省时间。

1. 如果想查看某个变量、函数或对象的定义，PyCharm 提供了一个快捷方式，可以跳转到定义变量、函数或对象的地方（即使是另外一个文件）。PyCharm 还提供了跳回开始页面的快捷方式。

2. PyCharm 有保存本地历史的特性，可以极大提升工作效率。PyCharm 会在每次项目出现变动时保存一份，因此可以不推送到代码库，就能将 PyCharm 当做一个本地版的版本管理系统。用户不需要做任何操作，IDE 将自动保存。在我了解该特性之前，我经常会在解决问题后，想要换一种方案，但是不久后又希望回滚到原方案。如果我不把原方案推送到 Github，很可能早就遗失了，不得不重新编写。但是有了这个特性，我们就能回滚到 10 分钟前，然后重新载入当时的项目状态。如果又改变主意，也可以随意地在不同方案之前来回切换。

3. 在日常工作过程中，很可能要经常复制粘贴代码。在 PyCharm 中，不需要复制粘贴，在当前界面上直接移动代码即可。

4. PyCharm 支持 Git 和 SVN 等版本控制系统。无须使用命令行，即可直接在 PyCharm 中使用 Git。在 IDE 和命令行之间切换次数越少，工作效率越高。

5. PyCharm 提供了内置的命令行和 Python Shell。

6. PyCharm 内置了**调试器**（debugger）。调试器是支持中断代码执行，逐行查看代码效果的程序。通过调试器，我们可以查看不同代码中变量的值。

如果你有兴趣使用 PyCharm，可查看 JetBrains 官方提供的教程，地址为 https://www.jetbrains.com/help/pycharm/2016.1/quick-start-guide.html。

23.10　记录日志

记录日志（logging）指的是在软件运行时记录数据的做法。我们可通过日志来协助程序调试，更好地了解程序运行时的状态。Python 自带了一个 logging 日志模块，支持在控制台或文件中记录日志。

程序出错时，我们不希望没有感知——我们应该记录下相关信息，方便以后核查。记录日志也有助于收集和分析信息。例如，可以搭建一个 Web 服务器来记录数据，包括每次收到请求的日期和时间。我们可以将所有的日志记录在数据库中，编写程序分析其中的数据，并生成图表展示访问网站的人次。

博客作者亨瑞克·沃纳（Henrik Warne）在博客中写过这样一段话："伟大程序员与平庸程序员的区别之一，就是伟大的程序员会做日志记录，使得出错时的调试变得更简单。"可查看 https://docs.python.org/3/howto/logging.html 中的教程，学习如何使用自带的 logging 模块。

23.11　测试

程序测试指的是检查程序是否"达到了设计和开发要求，对各类输入返回正确的结果，功能执行耗时在可接受范围，可用性足够高，可在目标环境下安装和运行，并且实现了相关利益方所期待的效果。"为了进行程序测试，程序员要额外编写程序。

在生产环境中，测试是必须完成的。对于计划部署在生产环境的程序，我们应当认为在没有编写测试之前都是不完整的。但是，如果是一个不会再使用的临时程序，测试可能有些浪费时间。如果编写的是其他人也将使用的程序，则应该编写测试。很多知名程序员都曾说过："未经测试的代码就是漏洞百出的代码。"可在网页 https://docs.python.org/3/library/unittest.html 学习如何使用 Python 自带的 unittest 模块。

23.12　代码审查

在**代码审查**（code review）时，同事会阅读你的代码并提供反馈。建议尽可能多地进行代码审查，尤其对于自学成才的程序员来说。即使你遵守了本章中所列的所有最佳实践，也有可能存在错误的做法。你需要有经验的程序员对你的代码进行检查，指出所犯的错误，这样才有可能解决。

Code Review 是一个专注于代码审查的程序员社区。任何人都可以登入该网站，提交代码。社区的其他成员会审查代码，并反馈做得好的地方以及可以改进的地方。网站地址为：http://codereview.stackexchange.com。

23.13　安全

对于自学的程序员来说，安全是一个很容易忽视的问题。在面试时也很少会被问到安全问题，在学习编程时我们也不会去考虑安全问题。但是，在实际工作中，我们需要对自己代码的安全性负直接责任。本节将给出几个提高代码安全性的建议。

我们在本书中已经学习了使用 `sudo` 命令以根用户的身份执行命令。非必要情况下，务必不要在命令行使用 `sudo` 执行命令，因为如果有黑客侵入程序的话，将会获得根访问权限。如果你是服务器管理员，还应该禁止根用户登录。每个黑客都会盯着根账号，在攻击系统时是首要选择的目标。

另外，总是假设用户的输入是恶意的。部分恶意攻击的发生，就是利用了可接受用户输入的程序漏洞，因此我们要假设所有的用户输入都是恶意的，并以此为依据进行编码。

另一个提高代码安全性的策略，是最小化你的**攻击面积**（attack surface），即黑客可从程序中提取数据或攻击系统的相关区域。通过最小化攻击面积，可以减少程序出现漏洞的可能性。最小化攻击面积的几种常见做法包括：避免保存敏感信息，赋予用户最低的访问权限，尽可能少用第三方库（代码量越小、漏洞越少），剔除不再使用的功能代码（代码量越小、漏洞越少）等。

避免以根用户身份登录系统，不要信任用户输入，以及最小化攻击面积，是确保程序安全性的几个重要手段。但这还只是提升安全性的一小部分。我们应该试着从黑客的角度进行思考。他们会如何利用你的代码？这样可以帮助我们找到之前可能忽略的漏洞。有关安全的话题非常大，不是本书所能涵盖的，因此建议大家时刻思考并学习如何提升安全性。布鲁斯·舒奈尔（Bruce Schneier）对此的总结十分精辟："安全是一种思维状态。"

23.14　术语表

生产代码：某个产品中被用户使用的代码。

生产：将软件投入生产，指的是对外正式发布。

DRY：一个编程原则，“不要重复自己”的英文简称。

正交性：该术语已经被用来表示某种独立性或解耦化。如果两个或多个事物之间的变化不会相互影响，那么它们之间就存在正交性。在设计优良的系统中，数据库代码与用户界面之间是正交的；调整用户界面不会影响数据库，替换数据库也不会改变用户界面。

调试器：调试器是支持中断代码执行，可逐行查看代码效果的程序。通过调试器，我们可以查看不同代码中变量的值。

日志记录：指的是在软件运行时记录数据的做法。

测试：检查程序是否“达到了设计和开发要求，对各类输入返回正确的结果，功能执行耗时在可接受范围，可用性足够高，可在目标环境下安装和运行，且实现了相关利益方所期待的效果。”

代码审查：他人阅读你的代码并给予反馈的过程。

攻击面积：黑客可从程序中提取数据或攻击系统的相关区域。

第 24 章

第一份编程工作

“请注意，在‘现实世界’里，演讲者的诉求永远是听众不要挑战其默认的假设条件。”

——艾兹格·W·迪科斯彻（Edsger W.Dijkstra）

本书最后一部分的目标是帮助大家求职。拿下第一份编程工作需要付出更多努力，但是如果采纳书中的建议，应该不会有太大问题。幸运地是，只要你得到了第一份工作且积累了经验，在寻找新的工作机会时，招聘者会主动接触你。

24.1 选择方向

应聘编程岗位时，根据岗位所处的领域不同，企业会要求你了解一系列技术。在学习编程时各个领域都有涉猎是没有问题的，而且也有更多机会找到有相关要求的岗位。但是，我的建议是专注某一个感兴趣的编程领域，成为该领域内的专家。专注一个编程方向会使得求职更容易。

Web 开发和移动开发是两个非常流行的编程方向，各自包含两个细分领域：前端和后端。应用的前端是用户可见的部分，如 Web 应用的图形界面；后端是用户看不见的地方，是向前端提供数据的部分。市场上招聘的岗位名称大多类似“Python 后端开发”，意味着公司寻找的是负责网站后端开发且熟悉 Python 的程序员。岗位描述中会列出理想的候选人应该熟悉的技术，以及其他需要掌握的能力。

有些公司将开发团队划分为前端和后端两个团队。有的公司则只招聘全栈程序员，即前后端均掌握的程序员，但是这只适用于开发网站或移动应用的公司。

我们还可以从事许多其他编程领域，如安全、平台开发和数据科学。在招聘程序员的网站上查看岗位职责，可以方便了解不同编程领域的要求。Python 官网提供了一个 Python 工作列表：https://www.python.org/jobs，可以先从这里找起。先查看几个岗位的要求以及所使用的技术，了解需要学习哪些内容才能成功竞争该岗位。

24.2　积累初期经验

在成功应聘上第一个编程工作前，你需要积累经验。但是如果没有公司愿意在你没有经验的情况下雇佣你，怎么积累经验呢？有几个解决办法。首先，你可以参与开源项目，自己启动一个开源项目或向 GitHub 上的其他开源项目提交代码。

另一个方式是做外包。在 Upwork 等类似网站创建账号，试着申请规模较小的编程工作。我建议去找确实有编程外包需求的朋友，让他们在 Upwork 等网站注册账号，然后正式雇用你完成任务。这样后续可以给你很不错的评价。其他人看到你至少成功完成了一项工作之后，被雇佣的概率就会提高，因为你已经成功建立了可信度。

24.3　拿到面试机会

通过开源项目获外部工作成功积累编程经验后，可以开始寻找面试机会。我发现一个有效地获取面试机会的方法，就是通过 LinkdedIn。如果你还没有 LinkedIn 账号，建议创建账号并试着与潜在雇主进行沟通。在个人档案中留下自我描述，突出自己的编程能力。例如，很多人会在档案上这样写，“编程语言：Python、JavaScript”，会吸引来不少关注这些关键词的招聘者。务必将自己的开源项目或外包经验列为近期的工作。

完善个人档案后，可以开始与技术招聘人联系。LinkedIn 上有许多技术招聘人，他们一直在寻找新的人才，也会乐意与你沟通。他们在接受你的邀请后，你要主动联系并询问有没有招聘的岗位。

24.4　面试

如果招聘者认为你适合他们的岗位，则会在 LinkedIn 上发消息请求发起电话面试。电话面试是与招聘者进行的，所以通常不涉及技术问题，但是我也在第一轮面试中被问过技术问题。面试内容为你熟悉的技术，之前的工作经验，并判断能否适应公司的文化等。

如果面试效果不错，将进入第二轮技术电话面试，与技术团队成员进行交流。他们可能会问与第一轮面试中相似的问题，但是这轮中的问题会新增一个技术测试。负责面试的工程师会提供一个网址，上面有已经准备好的编程问题，需要你来解决。

如果顺利通过第二轮，通常还会有第三轮面试。第三轮面试一般会在公司当面进行。和前两次面试一样，你会见到团队中的其他成员。他们会询问你的能力和经验情况，要求完成更多的技术测试。有时候可能要留下来一起吃午饭，观察与团队成员的契合度。第三轮中会有著名的白板编程测试。如果你面试的公司有这个传统，面试者会要求你通过这种方式解决多个编程问题。我建议买一块白板提前练习，因为在白板上解决编程问题比在计算机上解决问题要难得多。

24.5　面试技巧

大部分编程面试聚焦两个主题：数据结构和算法。要想顺利通过编程面试，你需要精通这两个领域。这也会帮助你成为一名更优秀的程序员。

你还可以从面试官的角度来思考，将可能涉及的问题范围进一步缩小。有人说，软件从来无法完成，对于面试官来说也是如此。他很可能手头上有许多工作，不想花太多时间面试。他们会花宝贵的时间来自己列编程问题吗？很可能不会。他们会去搜索“编程面试问题”，挑选其中某一个提问。这就导致不断地出现同样的面试问题，因此网络上积累了诸多宝贵的资源，帮助大家练习如何回答。我强烈建议使用 LeetCode 网站练习，因为我发现别人在面试中问的问题，在这个网站上都可以找到答案。

第 25 章

团队协作

"没有优秀的团队，无法打造出优秀的软件。大部分的软件团队看上去就像内部不和谐的家庭。"

——吉姆·麦卡锡（Jim McCarthy）

由于主要依靠自学，因此你可能会习惯独自编程。但是在加入公司后，你需要学习如何进行团队协作。即使你自己创业，最终也要招聘其他程序员，这时也要学会团队协作。编程是一项团队工作，与其他集体项目一样，都需要处理好与同事之间的关系。本章将提供一些如何进行团队协作的建议。

25.1 掌握基础

公司聘用你，是认为你应该掌握了本书中所介绍的能力。仅仅通读完本书还不够，还需要掌握其中的概念。如果同事经常要帮助你熟悉基础，这将极大降低他们对你的信任程度。

25.2 提问前请先搜索

作为团队中的新同事，你会有很多需要学习的地方，需要学会提问。提问是学习的一种很好的方式。但是在提问之前，请确认提的问题是合适的。建议只有在自己已经花费几分钟时间了解无法解答之后，再去提问。如果问了太多自己本该轻松解决的问题，可能会惹同事厌烦。

25.3　修改代码

你选择阅读本书，就说明你是那种希望不断成长的人。不过，并不是团队中的每个人都有同样的追求。许多人不想持续学习，他们满足于当前的工作方式。

创业公司中的代码问题尤其严重。因为在这些公司，及时发布比写出高质量的代码更重要。如果你碰到这种情况，请谨慎处理。修改他人的代码可能会伤害别人的自尊。更坏的是，如果花太多时间修复他人的代码，你就没有足够的时间参与新项目，在老板看来会觉得你不够努力。避免这种情况的最佳方式，是尽可能了解面试公司的工程师文化。如果实在是无法避免，可以考虑爱德华·尤登（Edward Yourdon）的建议："如果你认为管理层不知道自己在做什么，或公司产出让你不屑的低劣软件，那么就离职吧。"

25.4　冒名顶替综合征

每名程序员都会偶尔感到无力，不管自己多么努力，总是会出现意料之外的事情。作为一名自学成才的程序员，在别人让你做一件从未听说过的事情时，很容易就会感到挫败，或者觉得自己还有很多不了解的计算机科学概念。每个人都会碰到这些事情，不仅仅是你。

我有一位获得斯坦福计算机硕士学位的朋友告诉我，他也有类似的感受，这让我很吃惊。他说，他所处的项目中每个人都有冒名顶替综合征（imposter syndrome）。他发现大家要么非常谦虚，愿意承认自己有些事情并不了解，要么假装自己什么情况都清楚（事实上不是），逃避学习。我要告诉大家的是，你走到如今这一步付出了很大的努力，即使做不到无所不知也是可以理解的，因为没有人能够做到。只需要保持谦虚的心态，不断学习不了解的问题，你就会持续成长。

第 26 章

更多学习资料

“最优秀的程序员比一般优秀的程序员，不只是好一丁半点。不论用什么标准来衡量，他们都比后者优秀太多：认知创新能力、工作效率、设计原创性或问题解决能力都是如此。”

——兰道尔·斯特若斯（Randall E.Stross）

Medium 上有位工程师写了一篇名为《ABC：Always Be Coding》（生命不息，编程不止）的文章，文章标题就是核心思想：生命不息，编程不止。如果再做到 ABL（学习不止），你的职业前途必将一片光明。在本章中，我将向大家介绍一些有价值的编程资源。

26.1 经典书籍

有一些编程书籍是必读书目。《程序员修炼之道》《设计模式》[①]《代码大全》《编译原理》，以及 MIT 出版社出版的《算法导论》均为程序员必读书目。另外，我强烈推荐一个免费的互动式算法入门教程，名为《Problem Solving with Data Structures and Algorithms》，这本书比《算法导论》更加容易理解。

26.2 在线课堂

在线编程课堂也是提升编程技巧的一种方式。我在 http://theselftaughtprogrammer.io/courses 网页中列出了值得推荐的课程。

① 设计模式是本书中没有涉及的一个重要领域。

26.3 骇客新闻

骇客新闻（Hacker News）是技术孵化器 Y Combinator 推出的一个用户新闻分享平台，网址为 https://news.ycombinator.com，能够帮助大家及时掌握最新的趋势和技术。

第 27 章

下一步

“热爱你所掌握的行业，知足常乐。”

——马库斯 · 奥勒留斯（Marcus Aurelius）

首先，感谢你购买本书。我希望它帮助你成为了一名更加优秀的程序员。现在你已经通读完本书，是时候付诸实践了。下一步你应该怎么做？要学习数据结构和算法，请前往 LeetCode 网站，进行算法练习，然后寻找更多的练习机会。在本章中，我将分享一些有关如何持续提升程序员技能的思考。

27.1 找到导师

导师能够帮助你将编程能力提升一个档次。学习编程的一个困难在于，有太多你做得不够好的地方，但是你自己不知道。我前面也提到，可以通过代码审查来发现不足。导师可以和你一起做代码审查，帮助你优化编码过程，推荐优秀的书籍，教会你之前不理解的编程概念。

27.2 加深理解

编程领域中有一个叫“黑盒”的概念，指的是某个你在使用，但是并不了解其工作原理的东西。刚开始编程时，对你来说一切都是黑盒。提升编程能力的一个最好的方式，就是打开碰到的每个黑盒，努力掌握其原理。有位朋友曾经跟我说，他自己的一个重大的“啊哈”时刻，就是意识到命令行本身其实就是一个程序。打开黑盒，就是我所说的加深理解。

撰写本书加深了我对编程的理解。有一些我认为已经理解的概念，在写书时才发现无法清楚地解释给读者。我必须要加深自己的理解。不要停留在一个答案，寻找所有能发现的解释。敢于在网络上提问，接纳不同的观点。

另外一种加深理解的方法，便是亲自去开发希望获得更深理解的东西。不懂版本控制？那就试着业余时间自己开发一个简易的版本控制系统。投入精力去完成此类项目是值得的，可以有效地提升你对相关话题的理解。

27.3　其他建议

我曾在论坛上看到讨论程序员如何提升能力的帖子。获赞数最高的答案出人意料：做编程以外的事情。后来的经验告诉我，这句话是对的。读完丹尼尔 •科伊勒的《The Talent Code》提升了我的编程能力，因为他教会了我掌握任何一个技能所需要的方法论。时刻注意编程领域之外的动态，注重吸收那些有助于编程的知识。

我要给你的最后一个建议，是尽可能多花时间阅读其他人的代码。这也是程序员自我提升的最好办法之一。在学习过程中，记得保持写代码和读代码之间的平衡。刚开始时，阅读其他人的代码会有些困难，但是要坚持，因为你可以从其他程序员身上学到宝贵的财富。

我希望你对本书感到满意。如果有任何疑问，欢迎给我发邮件沟通，邮件地址是cory@theselftaughtprogrammer.io。我还维护了一个编程新闻邮件列表，可以在 http://theselftaughtprogrammer.io 网站注册。也可以通过 Facebook 群组 https://www.facebook.com/groups/selftaughtprogrammers 与其他自学编程的朋友一起交流。如果你喜欢本书，希望可以在亚马逊网站上留下你的评论，这可以让更多的人看到这本书。最后，祝大家在学习编程的旅途中一路顺利。